室内设计项目实战教程

SHINEI SHEJI XIANGMU
SHIZHAN JIAOCHENG

蔺武强　　张 琦　　主编

化学工业出版社
·北京·

内容简介

本教材结合行业、企业真实项目案例，系统地介绍了室内设计的基础知识与实操技能，主要包括室内设计必备相关知识点、室内设计项目实操、案例分析及实训拓展等内容。

本教材知识全面、案例丰富，将基础知识与企业具体案例相结合，以模块化的形式灵活串联全书内容，可帮助读者全面掌握室内设计相关知识，同时培养室内设计方面的实际分析与应用能力。

本书可作为高等院校室内设计、环境艺术设计等专业的教材，也可供室内设计的从业者学习、参考。

图书在版编目（CIP）数据

室内设计项目实战教程/蔺武强，张琦主编. —北京：化学工业出版社，2023.11

ISBN 978-7-122-44285-7

Ⅰ.①室… Ⅱ.①蔺…②张… Ⅲ.①室内装饰设计-教材 Ⅳ.①TU238.2

中国国家版本馆CIP数据核字（2023）第191179号

责任编辑：李彦玲　　文字编辑：沙　静　张瑞霞
责任校对：宋　玮　　装帧设计：王晓宇

出版发行：化学工业出版社
（北京市东城区青年湖南街13号　邮政编码100011）
印　　装：天津市银博印刷集团有限公司
787mm×1092mm　1/16　印张$8^1/_2$　字数174千字
2024年1月北京第1版第1次印刷

购书咨询：010-64518888　　售后服务：010-64518899
网　　址：http://www.cip.com.cn
凡购买本书，如有缺损质量问题，本社销售中心负责调换。

定　　价：59.80元

前言

PREFACE

室内设计专业目前在诸多综合类高等职业院校内开设，作为一门实践性、技能性较强的专业，在我国现代职业教育快速发展的环境下，我们提出将“项目化”教学模式贯穿到整个教学环境中。以装饰企业的具体岗位需求为导向，将岗位需求的知识点归纳总结，深度融合到实际案例中去，通过学习，使学生解决问题的能力逐渐提高，从而有针对性地为企业培养综合素质较强的技能型人才。

本教材从艺术到技术，理论到实操项目，邀请企业专家共同参与编写，着重培养学生在参与实际项目时的综合能力。教材系统地介绍了室内设计从项目的开始到结束的全部过程，让学生全面地了解项目执行过程中涉及的相关学科知识点，从工作任务的角度较好地开拓学生的知识面，掌握项目完成过程中所需要的必备知识与技能，辅助学生在就业前就能获悉企业的行业标准和对员工能力的具体要求。

本教材为校企双元合作开发的教材，由内蒙古化工职业学院蔺武强和内蒙古工大建筑设计有限公司张琦担任主编，内蒙古化工职业学院武海燕和内蒙古工大建筑设计有限公司韩超参与了编写。具体编写分工如下：蔺武强编写了项目一和项目二及全书的审核工作；张琦和韩超编写了项目三中的案例部分并提供所附工程实例；武海燕完成了二维码资料及实训指导部分的编写，因为室内设计涉及的学科较多，所以在编写本书时参考了同行专家学者的著作与成果，在此深表谢意！由于作者水平有限，希望同行业和专业人士对本教材存在的不足之处予以批评指正，便于我们更好地改进，更好地完善“室内设计”这门课程的建设！

编者

2023年5月

目录
CONTENTS

项目一 室内设计基础知识 001

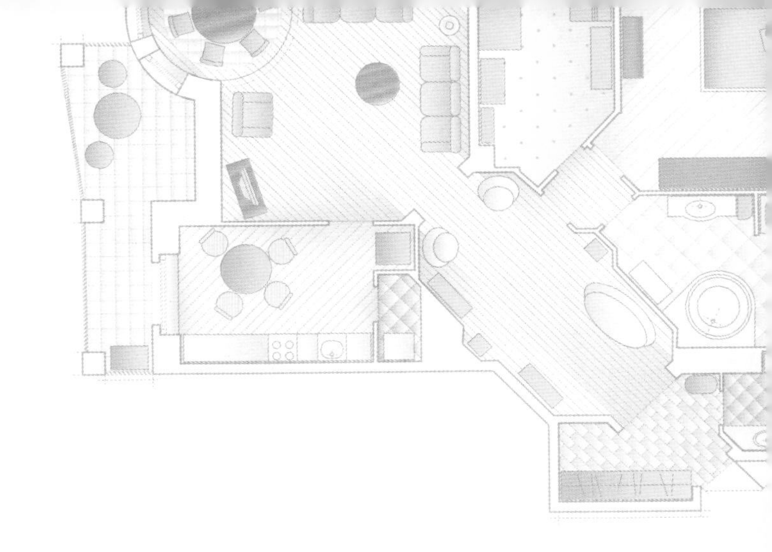

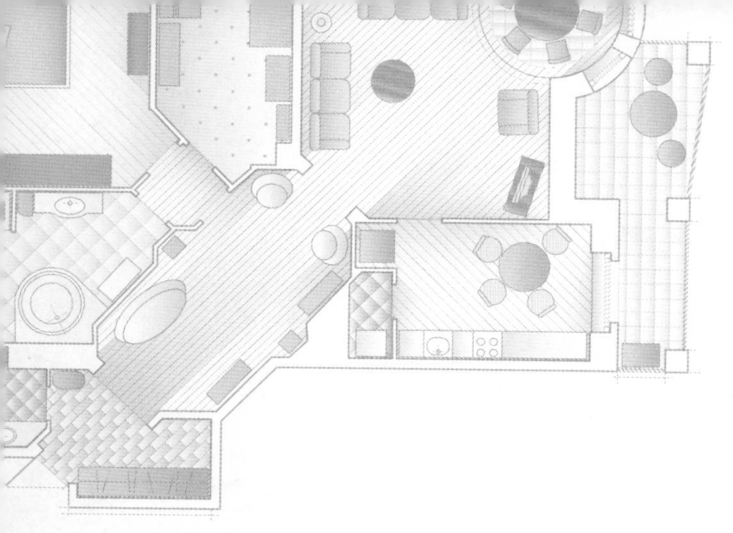

项目三 案例分析及实训拓展 088

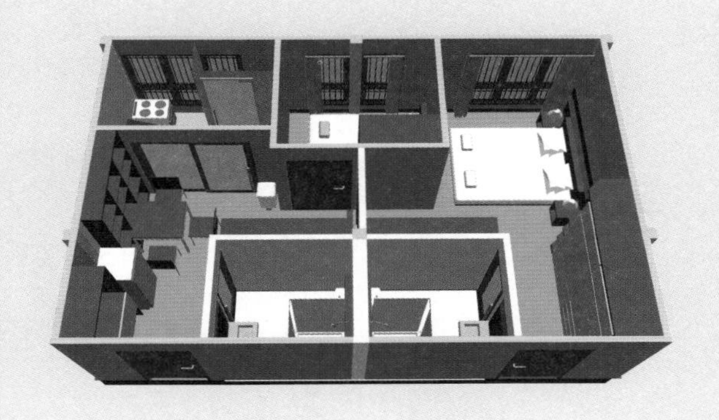

项目一　室内设计基础知识

知识目标

了解室内设计职业的产生、职业的前景；
熟悉室内设计师的职业素质要求；
熟悉室内设计师的职业标准；
掌握室内设计的概念及目的、程序、分类、设计原则及依据、风格、要素；
掌握设计的空间组织、界面处理、室内照明、室内色彩、家具陈设及绿化。

技能与思政目标

掌握设计师在日常工作中必须具备的基础；努力提升自己的综合素养；牢固树立当代大学生的专业精神和职业精神。

单元一 室内设计职业发展与要求

一、室内设计师职业的产生及前景

城市化的推进，社会财富的不断积累和人们生活水平的逐步提高，给房地产和建筑市场的发展带来了持续的后劲，室内设计行业也随之有很长时间的活跃期，能给从业设计师提供良好的实践机会。

另外，正如社会的分工越来越细，室内设计领域的市场也在不断细分。随着科学技术与现代建筑环境相结合，其内部功能和设备变得越来越复杂，要求也越来越高。这将促进室内设计行业的进一步细分，对某一类设计领域的专业化设计将有助于设计师掌握更多的专业知识、积累更多的同类经验，也更有助于团队合作，提高效率和市场竞争力。因此，室内设计师在设计实践中应有意识地定向收集信息和参加专业学习，培养自己在某一领域中成为“专业设计师”，甚至是“专家”。

二、室内设计师职业素质要求

根据现代设计的时代要求，室内设计师的职责包括对客户需求的分析和认定，对空间的规划，对室内家具和设计风格的选择及具体尺寸的确定，对安装工作的协调配合等。所有这一切都需要设计师具有广泛的专业知识，比如施工的规范标准、各类法规、产品技术和产品来源等。施工的规范标准、复杂的高新技术、新材料和新的施工工艺等因素使得分工越来越细。如今的室内设计工作，既需要理论，又需要实践，只有这样，才能把设计的功能、技术、经济、美学和人的心理等方面的需求结合起来。因此，现代室内设计师应该具备的专业知识归纳起来有如下几个方面。

（一）室内设计师的艺术修养要求

作为室内设计师，要认识到室内空间是艺术化了的物质环境，设计室内空间必然要了解它作为物质产品的构成艺术，也要懂得它作为室内艺术品的创作规律。设计师的大量工作与相应的职业修养都应集中到艺术与技术的结合上来。鲁迅曾说过，美术家固然须有精熟的技工，但尤须有进步的思想与高尚的人格。他的制作，表面上是一张画或一个雕塑，其实是他的思想与人格的表现。不断提高设计师的艺术修养非常重要，不仅要精通自身的专业，还须努力学习美学、文学、文艺理论、美术史、设计史、色彩学、心理学、诗词歌赋等，以提高其艺术修养。

（二）室内设计师的文化修养要求

设计师具备了良好的艺术修养之后，还应具有相应的文化修养，具体如下。

1.了解建筑结构、建筑力学的相关知识

设计师必须对建筑结构知识有较全面的了解，对建筑力学知识有一定的掌握，对结构构造技术有一定的经验积累。只有这样，才能够对构成室内空间的技术问题有全面认识，才能根据具体情况进行创造性的设计。在实际工作中，室内设计师接触较多的是建筑结构和细部装修构造等问题。所以，在掌握一般的建筑构造原理的同时，室内设计师还必须深入了解材料的性质和构造特点，举一反三，不断探索如何使用传统材料，如何迅速发现并熟练地运用新型材料。

在很多情况下，建筑原有的结构形式、传统材料的僵化使用和陈旧的施工技术，对室内设计师有很大的限制。在这些具体技术问题上，从艺术的角度来处理结构和构造问题，以出人意料的独特形式创造出新颖的室内空间，是室内设计师的必备修养与基本功。

2.需具备协调处理声、光、热等建筑物理问题的能力

（1）视听的设计　在人们日常生活、工作环境中，实际施工能力与项目的具体要求之间的矛盾有时表现得十分尖锐。在有较高视听要求的内部空间，如影剧院，对室内混响时间的控制，对合理声学曲线的选择等技术问题的处理，直接对设计方案的落实提出更高要求。尤其在一些私密性要求较高的生活、工作环境设计中，设计师有必要设计有效的隔声方案。

（2）光的设计　采光是设计师需要重视的问题。许多设计大师都以自己在采光问题上的独特贡献而闻名于世。自然光不仅能满足人的生理需求，而且是重要的空间造型艺术媒介。同样，人工照明也不是单纯的物理问题，与自然采光一样，对室内空间的艺术效果影响极大。室内环境光的设计包含应解决的功能问题，直接与室内的色彩、气氛密切相关。因此，设计师不能仅限于光源、照明和照明方式等技术问题，还要研究与光效有关的各种艺术作品。

（3）采暖、通风、制冷技术等专业知识的掌握　采暖、通风、制冷是比较复杂的专业技术，设计师应对这些技术的主要指标、基本设备有较多的认识。现代社会中，建筑类型日益增多，室内设计中涉及的设备越来越多，越来越复杂。也有不少设计师与现代艺术家，将设备作为艺术构件类来设计，即“暴露设备”，这已是一种价值取向。

随着社会的快速发展，现代建筑室内空间设计中，各种科学技术知识的掌握成为设计师必备的职业修养。成熟的设计人员，必须熟悉各种生产工艺和原材料；须认真向生产第

一线的工程师们学习，懂得生产的各个技术环节、工艺过程，才能使自己的设计不是“空中楼阁”。设计师要充分利用生产工艺和原材料的一切有利因素来从事切实可行的设计方案，并随时注意不断出现的新材料、新工艺，创造更新、更实用的空间设计。所以，室内设计也是一种科学的设计。

3.对空间艺术的探究能力

室内空间艺术形态的审美内容，不能简单地用形、色、肌理等一般美术词汇来概括。空间艺术作品的质量主要取决于空间关系的处理水平。空间关系不是完全抽象的，人们在特定的空间中所从事的特定活动制约着空间的构成关系。例如，连续的动作或者近似的动作，要求空间的连续或渐变关系；间断性或私密性活动要求空间的隔离或封闭关系；现代工业化生产方式提出了模数化空间组织原则；室内空间的综合性功能要求，提出了空间组合的主从关系甚至特殊的几何形联系和空间序列。

从事室内设计工作，需要掌握一套描述各种空间关系、适应各种人类活动的空间形态的设计词汇。专业的设计语言观是技术性的、功能性的，是空间艺术的主要特征。空间联系是靠许多构件完成的，这些构件之间的联系又由许多的关键点来充实。所以，大小关键点的艺术处理在深入设计阶段就变成了很突出的空间造型艺术问题。常用的构造技术知识只能满足关键点的技术性需要，不能取代设计师在处理关键点问题上必要的抽象造型艺术修养。因此，优秀的设计师在处理空间造型的艺术问题时，要充分发挥想象力，达到“融百家之长，创一代之新”。

4.努力培养自身的综合艺术观

室内设计师的技术和艺术与各门艺术之间渗透的综合艺术特征，表明室内设计是一个知识覆盖面较广的学科。所以，一个优秀的设计师还应该努力培养自身的综合艺术观，具体如下：

① 分析调查、了解与判断事物的能力。

② 较好的美术艺术修养水平。

③ 较好的艺术造型能力。

④ 室内设计专业知识。

⑤ 掌握熟练的制作能力。

⑥ 具备人体工程学的知识。

⑦ 具备市场学、公关学、经济学等方面的知识，包括经济合同、材料预算、洽谈业务等方面的知识。

⑧ 建筑学的专业知识。

⑨ 空调、电器、消防、卫生等方面的知识。

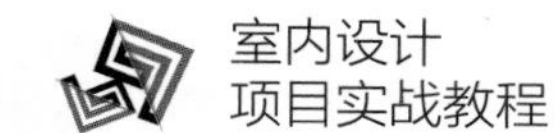

（三）室内设计师的道德修养要求

① 室内设计师设计的虽然是空间环境，但使用者是人，所以设计师需要具有“为人服务”“以人为本”的基本信条。

② 室内设计是一项比较烦琐而又需要细致入微的工作，可能在整个过程中需要经常修改、调整，所以要求设计师要有足够的耐心和毅力去关注每一个细节，非常敬业地、有始有终地做好设计及相关服务。

③ 室内设计项目一般都会签订委托设计合同（协议），这不仅仅是确保设计师合法权益的法律文件，也是要求设计师履行其中所规定的服务内容和完成期限的条款，所以设计师应该有很强的法律意识。

④ 很多室内设计项目需要经过设计招投标中标后才能获得。设计师应自觉抵制不良的幕后交易行为，通过合法的公平竞争谋取利益。

⑤ 室内设计师需要参与主要装修材料、设备、家具等的选型、选样、选厂，应本着对业主负责、对项目负责的态度，科学、合理、公正地给予专业化的建议。

⑥ 尊重其他设计师的专利权，不抄袭和照搬别人的创意和形式，倡导有针对性的原创设计。

（四）室内设计师的职业准备

当接受过系统专业课程训练的室内设计专业毕业生要正式从事室内设计工作，并独当一面时，我们还需要做一些必要的职业准备。

1.参加资格考试，获得相关证书

虽然证书并不一定能证明一个人的真正学识和能力，但不可否认，由国家指定的专业机构所组织的执业资格认定考试，是确保通过考试的设计师达到从事室内设计职业最低标准的一个有效的方式，并且资格考试制度能规范设计市场的有序化竞争，确保设计师能更好地服务于社会。

室内设计师执业资格考试是国际上通行的方法，要想获得“室内设计师”这一称号，必须通过资格考试，经过认定获得国家认可的资格证。在我国，目前是以技术岗位证书的形式出现的，被国家认可的相关室内设计行业的技术岗位有：

① 由中国建筑装饰协会认定并颁发证书的高级室内建筑师、室内建筑师和助理室内建筑师。

② 由中国建筑装饰协会认定并颁发证书的高级住宅室内设计师、住宅室内设计师。

③ 由国家劳动和社会保障局鉴定并颁发职业资格证的高级室内装饰设计员（师）、中级室内装饰设计员（师）、职业空间装饰设计员。

④ 由教育部各省教育厅组织的1+X职业资格证书。

另外，我国的专业室内设计人员也可参加国际注册室内设计师协会（IRIDA）的认证。

2. 加入行业协会，通过定期培训取得进步

获得了资格证书或者技术岗位证书，并不意味着就永远是个合格的室内设计师，因为人们对建筑室内空间的需求和专业的发展是无限的。这就要求设计师应该具有随时代的发展和社会的进步而获得提高的途径。那么加入室内设计行业协会或装饰装修行业协会，参加协会举办的进修课程就是必要的。当然颁发资格证书或者技术岗位证书的机构也会定期开办学习班，确保持证者的业务水准能跟上专业的发展。

3. 密切与相关领域里的专业人士保持联系，在必要时获得团队合作的可能

室内设计师的工作不是闭门造车，从设计项目的前期开始到交付使用，设计师需要来自各方面的支援：建筑设计师、结构工程师和水、电、风设备工程师能在大型公共项目中提供专业设计力量；具有资质的施工单位能对施工结果承担法律责任；高水平的技术工人能保证达到预期的设计效果和质量，也可以适时提出改进设计的建议；材料、设备和家具供应商可以为设计提供更多的新材料、新设备。设计师应和他们保持良好的联系，在必要时进行整合，获得优化效能。

敏锐的设计师通过密切关注市场动态、流行趋势，推敲、研究和观测流行的演变规律，直到掌握运用规律。

三、室内设计师职业标准

作为室内设计师不仅应具有相应的专业能力，同时还要尽到一个设计师该尽的义务。标准和义务是指设计工作范畴内的一些要求，主要有以下内容。

① 设计师是否有意违反了与业主达成的合同要求。

② 设计成果是否达到设计规范等法律要求。

③ 设计师是否因违约造成业主损失。

④ 是否因设计工作中的明确疏漏造成设计修改的损失。

⑤ 设计师在合同期内有没有完成设计。

⑥ 设计师的设计成果文件有没有达到合理公认标准。

⑦ 设计施工图和详细说明是否完整，是否达到投标和施工要求。

⑧ 设计师有没有合理指导配合工种技术。

设计师是项目的责权负责人，设计师的职业标准中就有对自己的行为负全部责任的同时，还要对一些相关人员的过失负责。因为建筑室内空间设计直接涉及公众的人身和财产安全。因此建筑室内设计师的职责异常重大，职业标准要求更高。具体要求见表1-1室内装饰设计师（国家职业资格二级）职业标准。

表1-1　室内装饰设计师（国家职业资格二级）职业标准

职业功能	工作内容	技能要求	相关知识
设计创意	设计构思	能够根据项目功能要求和空间条件确定设计的主导方向	（1）功能分析常识 （2）人际沟通常识 （3）设计美学知识 （4）空间形态构成知识 （5）手绘表达方法
	功能定位	能够根据业主的使用要求对项目进行准确的功能定位	
	创意草图	能够绘制创意草图	
	设计方案	（1）能完成平面功能分区、交通组织、景观和陈设布置图 （2）能够编制整体的设计创意文案	（1）方案设计知识 （2）设计文案编辑知识
设计表达	综合表达	（1）能够运用多种媒体全面地表达设计意图 （2）能够独立编制系统的设计文件	（1）多种媒体表达方法 （2）设计意图表现方法 （3）室内设计规范与标准
	施工图绘制与审核	（1）能够完成施工图的绘制与审核 （2）能够根据审核中出现的问题提出合理的修改方案	（1）室内设计施工图知识 （2）施工图审核知识 （3）各类装饰构造知识
设计实施	设计与施工的指导	能够完成施工现场的设计技术指导	（1）施工技术指导知识 （2）技术档案管理知识
	竣工验收	（1）能够完成施工项目的竣工验收 （2）能够根据设计变更完成施工项目的竣工验收	
设计管理	设计指导	（1）指导室内装饰设计师的设计工作 （2）对室内装饰设计师进行技能培训	专业指导与培训知识

习题

1. 室内设计师应该具备的职业素质有哪些？
2. 如何更好地树立室内设计行业的专业精神？

单元二　室内设计概念及目的

一、室内设计的概念

室内设计，又称室内空间环境设计，它是建筑设计的延伸部分，是对建筑内部空间进行功能、技术、艺术的深化设计。具体地说，它是以空间的使用性质为基础，以一定的艺术形式为表现手法，运用科学技术手段来创造优美、舒适的室内环境，既满足人们的物质需求又满足精神需求（图1-1、图1-2）。

图1-1　室内居住空间

图1-2　室内会议室空间

室内设计是社会经济快速发展的产物，它是一门融合了科学技术、审美艺术、人体工程学和行为心理学的综合性较强的学科。其主要涉及领域有建筑学、社会学、心理学、人体工程学、结构工程学、建筑物理学及材料学等学科领域，要求运用多学科的知识，综合进行多层次的空间环境设计。

关于“室内设计”的概念，有时还会将其与室内装修、室内装潢、室内装饰等概念混为一谈，相对于室内设计而言，后三者均为较片面的概念，不能涵盖室内设计总体概念的全部。

室内装修是建筑工程术语，是工程施工的最后工序，偏重材料技术、构造做法、施工工艺，以至照明、通风设备等方面的处理，是对结构的墙、柱、梁、地面、楼板、门窗、隔断等界面作最终的整修装点，包含了装潢、装饰的内容。

室内装潢是涵盖工程所有装饰的总称。通常包括两种情况：

① 新建工程的土建完成后，继续对该工程进行特别的艺术深化装修。

② 已建工程改变用途，进行改造时的特别的艺术深化装修。

室内装饰主要是为了满足视觉艺术需要而对空间内部及维护体表面进行一种附加的装点和修饰，以及对家具、灯具、陈设的选用配置等，它除了注意空间构图和色调等审美价值外，还需要保持技术和材料的合理性，较多地迎合当下的时尚流行意识。

二、室内设计的目的

人的一生中，约有三分之二以上的时间是在室内度过的。所以，能够营造一个良好的室内空间环境，是直接关乎人在室内生活、生产活动的质量，关系到人们在室内空间的健康、安全、舒适等。室内设计的根本目的，在于创造满足人类生活、工作的物质和精神两方面需要的室内空间环境。物质生活的创造主要是指室内设计功能实用性的要求，精神生活的创造包括室内设计审美艺术性的要求（图1-3）。

图1-3　室内客厅空间

如何营造一个良好的室内空间环境：

① 统筹规划建筑内部空间的具体使用功能。

② 改善空间内部原有的物理环境（如采光、保温、隔热、照明、智能化等）。

③ 营造一个与使用者生活习性相称的空间环境。

④ 倡导科学的生活方式，创造新的生活理念。

习题

1. 什么是室内设计？
2. 室内设计的目的是什么？

单元三　室内设计的基本程序

室内设计的程序是设计师对室内设计项目的深入研究和设计的准备工作后，把各种要求、条件及制约分析整理，用图示的方法，将具体的内容和形式落实到具体的空间中的有效手段。

在解决设计问题的过程中，按时间的先后依次安排设计步骤的方法称之为设计程序。设计程序是设计人员在长期设计实践中发展出来的一种有目的的自觉行为，既可以对经验的规律性总结，也会随设计活动的发展与成熟而不断赋予新的内容。室内设计由于其复杂性，涉及内容的多样性而导致设计步骤的烦琐、冗长，还要求室内设计者与业主、其他专业工程师、材料商、施工单位等始终充分协作，以确保工作顺利、有效地进行。所以以合理秩序为框架有规律地展开工作是成功设计的前提条件，也是在有限时间内设计工作的效率和质量的基本保障。设计程序见图1-4。

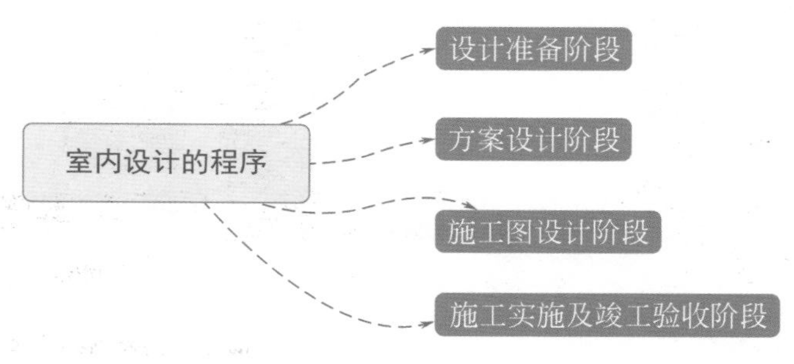

图1-4　设计程序

虽然设计步骤会因为设计者、设计单位、设计项目和时间要求不同，但大体上还是可以总结为四个阶段。即设计准备阶段、方案设计阶段、施工图设计阶段和施工实施及竣工验收阶段。室内设计各阶段任务如表1-2所示。

表1-2　室内设计各阶段任务

阶段	项目内容
设计准备阶段	（1）用户的需求，预期的效果 （2）用户拟投入的资金，装修档次 （3）材料、设备、价格、工时定额资料，各工种的配合 （4）熟悉设计规范 （5）进行实地考察，现场测量
方案设计阶段	（1）平面图、立面图、天棚平面图设计 （2）效果图制作（包括手绘效果图） （3）工程概算
施工图设计阶段	（1）补充施工所需要的有关平面布置图、室内立面等图纸 （2）补充构造节点详图、细部大样图、设备管线图 （3）编制施工说明和工程预算（或工程概算）
施工实施及竣工验收阶段	（1）设计人员向施工单位进行设计意图说明，图纸的技术交底工作 （2）提出施工要求，进行技术交流，核定工程量及其他事项 （3）监理人员根据设计和施工要求进行现场考察，对施工有关事项做出记录 （4）设计人员现场处理与设计图纸的矛盾，对图纸作局部修改或补充 （5）施工验收 （6）向用户交代日常管理和维护问题

下面简要介绍室内设计四个阶段的内容。

一、设计准备阶段

在项目开始设计前，需要做大量的准备工作，这些准备工作关系到设计的定位和决策、设计概念是否恰当及设计最终能否被采用。

1. 了解设计任务书

（1）用户对功能使用上的具体要求。

（2）用户对装修档次、空间审美意识的具体要求。

（3）用户对工程投资额的限定性的具体要求。

（4）其他内容：设计时间的要求；工程项目的地点；工程项目的设计范围；设计内容与设计深度；空间的功能区域划分；设计风格的发展方向；设计进度与图纸类型。

2. 信息的收集

所谓信息是指与所要进行的设计项目有关的各种数据、图纸、文字、同类型案例、现场情况等的总称。在设计的准备阶段，信息收集是一项极其重要的工作。信息掌握越充分，就越有可能在设计定位和设计决策中有更多构思的出发点，就越能够打开思路帮助设计者建立一个明晰而合理的设计概念，从而把握正确的设计方向。

（1）现场勘测和图纸分析　设计师在接到设计任务后，一般都需要对设计项目进行深入了解，其中就包括对设计项目的现场空间情况进行测量。

（2）对功能进行深入理解　对功能的认识需要设计师采纳以往的设计同类型空间的设计经验。

（3）市场调查与案例分析　室内设计师在接到设计任务后，应对同类型设计空间做调查和研究，进行相关优秀案例分析，积累设计经验。

3. 信息的整理

信息的整理是将收集的资料进行归纳和分类，从而为设计概念的形成提供比较清楚的思考依据，主要包括如下几个方面：

（1）用户对设计的要求、想法和建议。

（2）施工现场的条件和制约分析，包括施工现场所在建筑的质量、结构类型，水路、电路、暖通等设施设备和其他服务性设施的分布情况，以及可能会遇到的施工问题和难点。

（3）设计项目与所在城市区域性环境的关系及设计项目与同类型项目在经营方式、装修档次的不同定位关系。

（4）设计项目的功能特点。

（5）设计项目在目前市场上的设计风格和流行做法的考察。

（6）设计项目在设计方案中可能会使用的材料，以及这些材料的市场资料信息。

二、方案设计阶段

这一阶段首先要进行设计构思，再进行方案设计。

1.设计构思

设计构思也称为准设计阶段。根据特定的建筑空间和功能要求，设计师以形象思维演绎对空间环境、材料造型、风格形式进行综合分析比较，通过丰富的空间形象的甄别，按照整体—局部—整体的思维方式大胆进行空间与界面设计构思。

室内空间装饰有着共性与个性的审美差异，设计师应尊重、集纳群体审美要求，再以自己的审美鉴赏加以升华进行艺术创造。

2.方案设计

设计构思是方案设计的预备阶段，方案设计则为设计构思的具象化。方案设计包括：室内手绘平面规划图（图1-5）、空间手绘（概念）方案图（图1-6）、空间手绘（概念）效果图（图1-7）等。

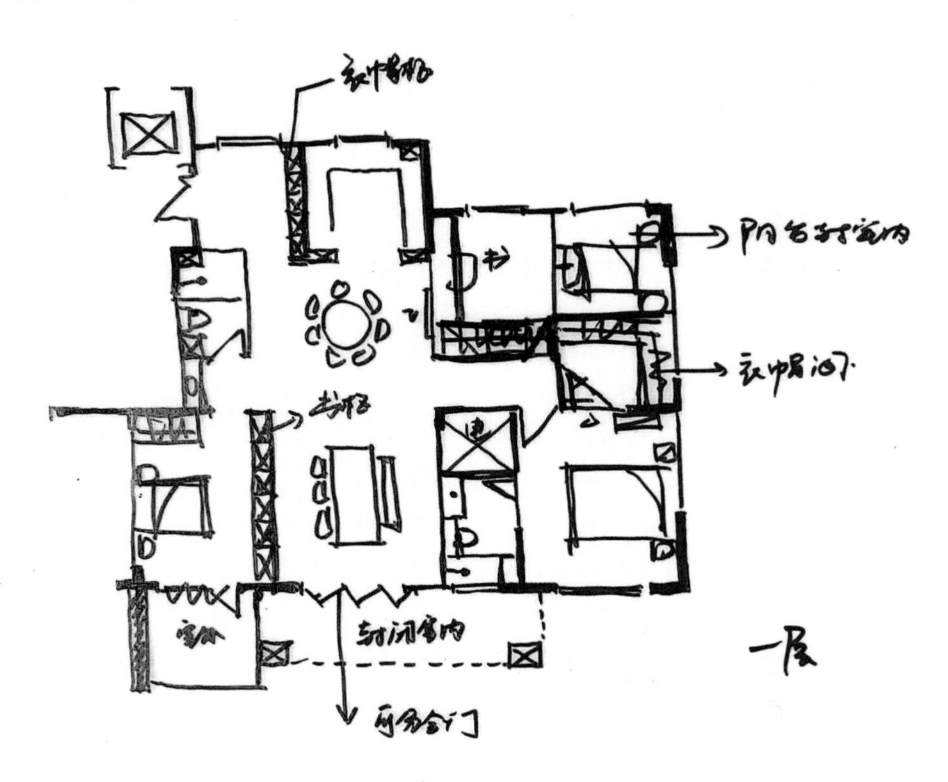

图1-5　室内手绘平面规划图

图1-6　空间手绘（概念）方案图（杨健作品）

图1-7　空间手绘（概念）效果图（杨健作品）

室内效果图的主要作用如下。

① 利用图纸可以把设计师构思的设计主体表现出来，并在绘制的过程中推敲设计，使方案更完善。

② 能传达设计师的设计意图，便于设计师与施工单位或用户进行沟通。设计师的设计构思与用户构思，都需要借助直观的视觉形象的帮助来反映。

③ 手绘效果图可以帮助设计师研究方案的可实施性，相对于设计草图，在技术上更进一步。它是设计概念思维的深化，又是设计表现最关键的环节。

三、施工图设计阶段

施工图设计是装修得以进行的依据，具体指导每个工种、工序的施工，以各展开界面、家具设施、门窗等用材造型的准确尺寸、节点、结构为设计内容。制作详图与施工图应在设计方案确定的基础上，对施工现场进行踏勘和测量，重点标明各界面造型的节点、结构，按各种装饰材料的造型特点和施工工艺给出施工图，并注明工艺流程和附注说明，为施工操作、施工管理及工程预决算提供翔实的依据（如图1-8～图1-10所示）。

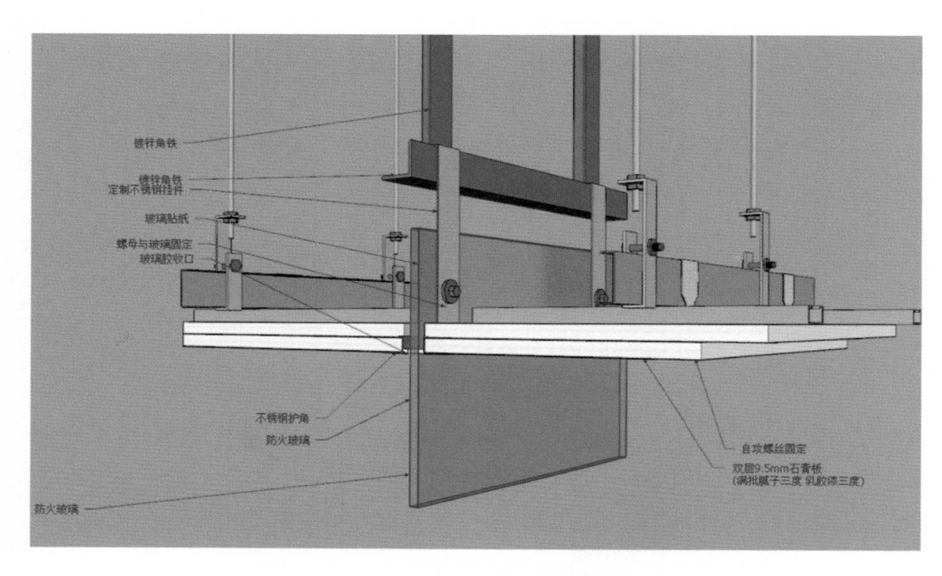

图1-8　空间挡烟垂壁结构图

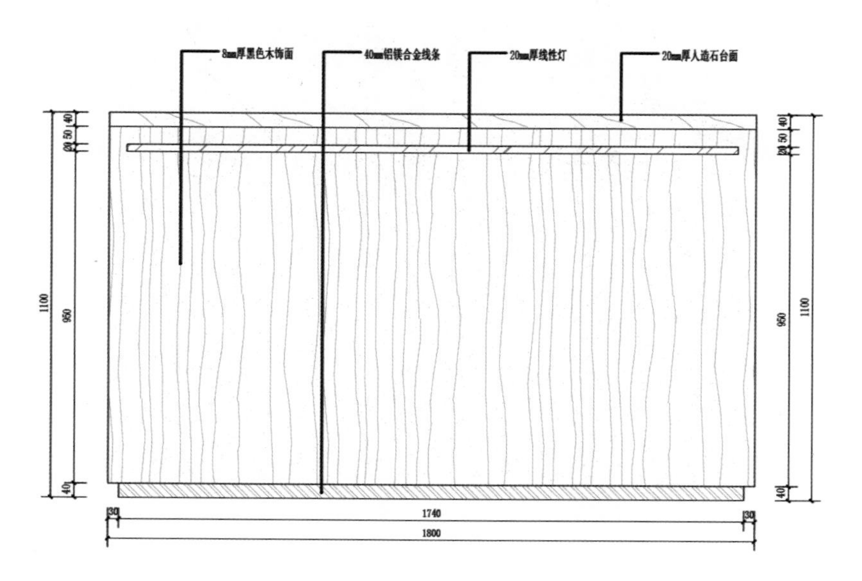

图1-9　空间立面图

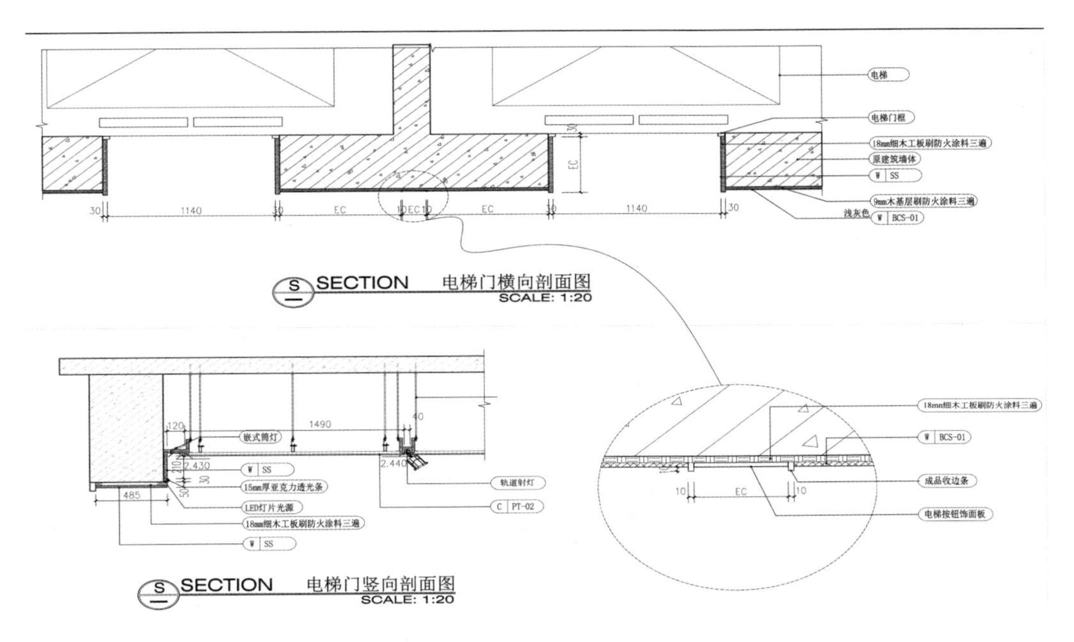

图1-10　空间电梯门剖面图

四、施工实施及竣工验收阶段

1.施工实施

这是从设计到具体实施的阶段。虽然这一阶段主要由施工单位来执行，但设计师仍扮演着非常重要的角色。首先，在业主通过施工招投标的形式来选择施工队伍时，设计师需要给竞标的施工队伍解释关于图纸上的疑问，对于有BIM（建筑信息模型）技术使用要求的项目，设计师有义务提供所需的电子版图纸。当业主确定施工队伍时，在施工人员进驻施工现场开始正式施工前，设计师需要向施工单位进行图纸技术交底。接着，在整个施工过程中，设计师应定期到现场进行指导，及时处理图纸与现场实际情况不相符的情况，协调各设备专业管线发生的冲突，出具修改通知。同时也应参与质量的监督工作，参与各分项工程的验收，参与主要装饰材料、设备、家具、灯具的选择、选型、选厂。到施工末期，还应主导进行软装饰、绿化、陈设等的设计和选配，对于公共建筑中需要设置标识系统的，室内设计师应从环境的整体出发，给平面设计单位一定的意见或建议，例如标识的色彩、材质、位置、大小、形式、构造措施等。

2.竣工验收

施工单位完成了施工作业，需要经过竣工验收，合格后才能把场地移交给业主使用。竣工验收环节，设计师也是必须参加的，既要对施工单位的施工质量进行客观评价，也应对自身的设计质量作一客观评估（图1-11）。设计质量评估是为了确定设计效果是否满足

图1-11　竣工验收

使用者的需求，一般应在竣工交付使用时及之后6个月、1年，甚至2年时，分四次对用户满意度和用户环境适合度进行追踪测评。由此可以给改进方案提供依据，也能为未来的项目设计增进和积累专业知识。另外，设计师应在工程竣工验收合格、交付使用时，向使用者介绍有关日常维护和管理的注意事项，以增加建成环境的保新度和使用年限。

由此可知，一个室内装饰装修项目从立项到竣工，设计在其中起了关键作用，设计师是项目成败的核心，因此设计师的专业能力和敬业精神对项目都是至关重要的。

习题

1. 简要回答室内设计的基本程序。
2. 如何树立良好的设计师职业精神？

单元四 室内设计的分类

室内空间设计根据建筑空间的功能特点可以分为四大类：公共建筑室内设计（图1-12）、居住建筑室内设计（图1-13）、工业建筑室内设计（图1-14）和农业建筑室内设计（图1-15）。

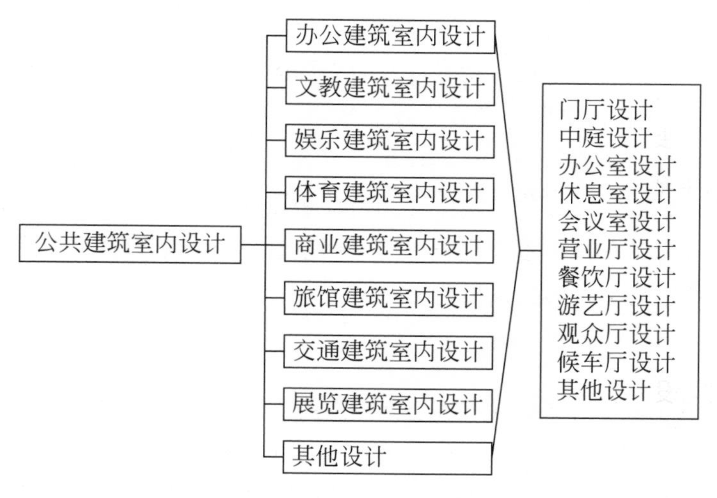

图1-12　公共建筑室内设计

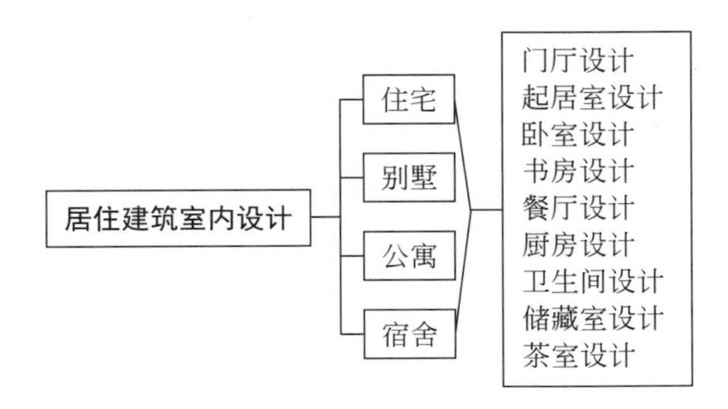

图1-13 居住建筑室内设计

图1-14 工业建筑室内设计

图1-15 农业建筑室内设计

由于室内空间使用功能的性质和特点不同，各类建筑主要室内空间设计对文化艺术和工艺过程等方面的要求也各自有所侧重。例如纪念性建筑和展览性建筑等有特殊功能要求的主厅，对纪念性、艺术性、文化内涵等精神功能的设计要求比较突出；工业、农业等生产性建筑的车间和用房，对生产工艺流程以及室内物理环境（如温湿度、光照、设施、设备等）的创造方面要求较为严密。

室内设计如果从空间形态和组合特征来分类，可分为：大空间、相同空间的排列组合、序列空间和交通联系空间等。大空间通常包括会场、剧场的观众厅、体育馆等。由于体量较大，在顶盖结构、空调和消防设施及大空间厅内人员的视、听和疏散安全等方面，有相应的特殊设计要求。相同空间的排列组合，主要指教室、宿舍等室内空间的排列组合。序列空间主要是指人们进入该建筑后，将按一定的顺序通过各个使用空间，如博物馆、展览馆、火车站、航站楼等。交通联系空间是指门厅、过厅、走廊、电梯厅等。不同的空间形态和空间组合特征在进行室内设计时都需要注意其相应的特点和设计方法。

习题

1. 室内空间设计根据不同功能特点的建筑空间可以分为哪几类？

2. 分析自己现在居住的空间属于哪个类型，并且作简单的平面绘制。

单元五 室内设计的原则及依据

一、室内设计的原则

1.功能性原则

室内设计的本质任务就是为人提供便于使用的室内空间环境，通过技术处理保护结构并对室内进行装饰。在这个过程中，使用功能与精神功能需要有机结合，在保证使用功能的前提下，逐步提高精神功能的需求。

使用功能反映了人们对特定室内环境中的功能要求，不同使用功能的室内环境其设计要求也不同，例如，卧室要求私密、舒适（图1-16），书房要求安静，宜于工作和学习等。

图1-16　某卧室空间

单纯注重使用功能的合理性是不够的，独特的设计所带来的心理和精神上的满足同样很重要，设计应通过外在形式唤起人们的审美感受并满足其心理需要。

（1）视觉体验　室内设计必须满足人类情感的需求，情感是一种直觉的、主观的心理活动，主要通过视觉的体验来获得。每一个室内空间都能给人带来不同的心理感受，例如：热烈的、可爱的、浪漫的、整齐的、活跃的、宁静的等心理感受。

（2）情感追求　在室内设计中，特定情感的追求与表现是十分重要的，从形式上看是在推敲诸如地面、顶棚、墙面等实体的设计，而实质上是要通过这些手段，创造出理想的空间氛围，所以对不同的设计要有不同的设计定位，从而确定与之相应的设计方案。

图1-17　某餐厅空间设计

2.整体性原则

室内设计的整体原则包含两个方面的含义：

① 指室内设计在设计的全过程中应满足整体环境以及环境中人与物协调的原则。设计的对象不论是哪一类型的空间，都不是孤立存在的，而是与其相关的建筑计划、环境定位、地域发展规划等内容有关。这些内容虽然不一定直接涉及室内设计，但在设计过程中应给予全盘考虑。

图1-18　某卧室空间设计

② 指室内设计的内容应当是对室内环境整体性的规划。作为综合性的设计计划，设计者应对设计的进行方式和发展过程有深厚全面的认知，对空间应提供给使用者的功能与服务、相关的设备与工艺以及可能的社会影响等，设计者都应面对，并在设计中综合体现（图1-17～图1-19）。

3.经济性原则

图1-19　某客厅空间设计

室内设计的经济原则要求根据室内建筑的实际特性和用途来确定设计标准，没有必要漫无目的地提高制造标准。不应该片面关注艺术效果，导致经济浪费。当然，我们也不能盲目降低标准，从而影响施工效果。我们应该以同样的成本努力达到更高的标准。

4. 技术性原则

室内设计的技术性原则体现在两方面：一是尺度，包括室内空间各要素之间的比例尺度关系，和人体尺度与空间关系；二是室内空间环境营造过程中，选择恰当材料和结构、技术等手段，属于室内设计的构造层面内容。

5. 审美性原则

室内设计的目的就是要创造一个健康、舒适、富于文化品位的室内环境。因此，美观也是最基本的设计要求之一。在设计过程中，运用审美心理学、环境心理学原理，满足美感以及私密性等精神、心理需要，通过空间中实体与虚体的形态、尺度、色彩、材质、光线等表意性因素，来抚慰心灵，创造恰当的氛围和意境，以有限的物质条件创造出无限的精神价值，是用于增强空间的表现力和感染力的精神层面的内容。

二、室内设计的依据

室内设计作为一门综合性的学科，其设计方法已不再局限于经验的、感性的、纯艺术范畴的阶段，随着现代科学技术的发展和人体工程学、环境心理学等学科的建立与研究，室内设计已确立起科学的设计方法和依据，主要有以下各项依据。

1. 人体尺度及人体活动空间范围

室内设计的目的是为人服务，满足人和人的活动需要是设计的核心，因此人体的基本尺度和人体活动空间范围成为设计的主要依据之一，如室内门洞宽度高度、通道宽度、室内最小净高尺寸、家具的尺寸等都是以人体尺度为基本依据确定的。同时，还要充分考虑到在不同性质的空间环境中，人们的心理感受不同，对个人领域、人际距离等的要求也不相同，因此，还要考虑满足人们心理感受需求的最佳空间范围。

2. 家具设备尺寸及其使用空间范围

建筑空间内，除了人的活动外，占据空间的主要是家具、设备、陈设等内含物。对于家具、设备，除其本身的尺寸外，还应考虑安装、使用这些家具设备时所需的空间范围。这样才能发挥家具、设备的使用功能，而且使人用着方便、用得舒适。

3. 建筑结构、构造形式及设备条件

室内设计是对已建成的建筑空间进行二次创造，因此建筑的结构体系、构造形式和设备条件等必然要成为设计的重要依据。如房屋的结构形式、柱网尺寸、楼面的板厚梁高、水电暖通等管线的设置情况等，都是设计时必须了解和考虑的。其中有些内容，如水、电管线的敷设，在与有关工种的协调下可做适当调整；而有些内容则是不能更改的，如房屋的结构形式、梁的位置与高度、电梯、楼梯位置等在设计中只能适应它。当然，建筑物的建筑总体布局和建筑设计总体构思也是设计时需要考虑的设计依据。

4. 现行设计标准、规范等

现行的国家、行业及地方的相关设计标准、设计规范等也是设计的重要依据之一，如《商店建筑设计规范》《建筑内部装修设计防火规范》等。

5. 投资限额和建设标准，以及设计任务要求的工程施工期限

由于建筑装饰材料、施工工艺、灯具等设备千差万别，因此，同一建筑空间，不同的设计方案，其工程造价可以相差几倍甚至十几倍。例如，一般旅馆大堂的室内装修费用单方造价1500元左右足够，而五星级旅馆大堂的单方造价可以高达8000～10000元。因此，投资限额与建设标准是设计重要的依据因素。同时，工程施工工期的限制，也会影响设计中对界面设计处理方法、装饰材料和施工工艺的选择。

1. 简述室内设计的原则。
2. 谈一下你对使用功能与精神功能的理解。
3. 人体工程学与室内设计有什么联系？

单元六 室内设计的风格

室内设计风格的形成，受不同的时代思潮和地区特点影响，并通过创作构思表现出文化历史特征，逐渐发展成为具有代表性的室内设计形式。一种典型风格的形式，具有强烈的民族特征和时代特征，凝聚着时代和整个民族的全部意识形态的灵魂，形成风格的外在和内在因素。室内设计的风格主要可分为：传统风格、现代主义风格、后现代主义风格、自然主义风格以及折中主义风格等。

1. 传统风格

传统风格的室内设计，是在室内布置、线形、色调以及家具、陈设的造型等方面，吸取传统装饰“形”“神”的特征。例如中式传统风格吸取我国传统木构架建筑室内的藻井天棚，挂落的构成和装饰，采用明、清时期家具造型和款式特征。又如西方传统风格中仿罗马式、哥特式、文艺复兴式、巴洛克式、洛可可式、古典主义式等。此外，还有日本传

统风格、印度传统风格、阿拉伯传统风格等等。传统风格常给人们以历史延续和地域文脉的感受，它使室内环境表现了民族文化渊源的形象特征。

2.现代主义风格

现代主义风格起源于1919年成立的包豪斯学派，该学派基于当时的历史背景，强调突破旧传统，创造新建筑，重视功能和空间组织，注意发挥结构本身的形式美，造型简洁，反对多余装饰，崇尚合理的构成工艺，尊重材料的性能，讲究材料自身的质地和色彩的配置效果，发展了非传统的以功能布局为依据的不对称的构图手法。

3.后现代主义风格

后现代主义产生的具体时间众说纷纭，尚无定论，但后现代主义几乎涉及一切文化领域。后现代主义风格是对现代主义风格中纯理性主义倾向的批判，强调建筑及室内装潢应具有历史的延续性，但又不拘泥于传统的逻辑思维方式，探索创新造型手法，讲究人情味，常在室内设置夸张、变形的柱式和断裂的拱券，或把古典构件的抽象形式以新的手法组合在一起，即采用非传统的混合、叠加、错位、裂变等手法和象征、隐喻等手段，来创造一种融感性与理性、集传统与现代、糅大众与行家于一体的即“亦此亦彼”的建筑形象与室内环境。

4.自然主义风格

自然主义风格很大程度上是受到了文学领域内的自然主义思潮的影响，它倡导“回归自然”，在美学上推崇自然，认为在当今高科技、高节奏的社会生活中，只有回归自然，才能使人们取得生理和心理的平衡。因此，受到这种思潮的影响的室内设计所形成的风格，在设计中多用木料、织物、石材等天然材料，显示材料的纹理，清新淡雅。此外，由于其宗旨和手法的类同，也可把田园风格归入自然风格一类。田园风格在室内环境中力求表现悠闲、舒畅、自然的田园生活情趣，也常运用天然木、石、藤、竹等有质朴纹理的材质。同时，也注重设置室内绿化，营造自然、简朴、高雅的氛围。

5.折中主义风格

折中主义风格也被称为“混合型风格”，原指19世纪法国流行的一种融合了多种风格建筑的设计，后引申为在设计中融合各种风格而成为一种特点的设计风格。近年来，建筑设计和室内设计在总体上呈现多元化兼容并蓄的状况。室内布置中既趋于现代实用，又吸取传统的特征，在装饰与陈设中融古今中西风格于一体，例如，传统风格的摆设和茶几，配以现代风格的藤椅和绘画作品。又如，欧式古典的琉璃灯具和壁面装饰，配以东方传统的家具和埃及的陈设、小品等。混合型风格虽然在设计中不拘一格，运用多种体例，但设计中仍然是匠心独具，深入推敲形体、色彩、材质等方面的总体构图和视觉效果。

根据课本知识介绍，谈谈你喜欢的风格类型及其特点。

单元七 室内设计的要素

室内设计是一门艺术性和实用性较强的综合性学科，其专业涉及范围较广，主要包括室内平面设计和空间组织、围护结构内表面（墙面、地面、顶棚、门和窗等）的处理，室内色彩和照明的运用，以及室内家具、灯具、陈设的选型和布置。此外，还有植物、摆设和用具等的配置。从事室内设计行业的工作人员不仅要掌握室内环境的诸多客观因素，还要全面地学习室内设计的具体内容，其主要内容可以概括为以下几点。

一、室内空间的构成与分隔

室内设计的空间组织是在对建筑物的总体环境、功能要求、人流动向及结构、设备等技术体系进行深入了解和分析的基础上，按需要对空间形状、尺度、比例进行调整，在大空间中进行空间再分隔，大小空间按相互关系进行组合。在设计过程中，需注意空间层次和虚实对比，解决空间之间的衔接、过渡、对比、统一等问题。同时，还要了解原有建筑的总体布局、功能分析、人员流动方向以及结构体系等，并予以完善，调整或再创造。

1.空间的构成

空间需要经物理性划分才可存在和显形，任何一个客观存在的三维空间都是人类利用物质材料和技术手段从自然环境中分离出来的，由不同虚实的界面分隔和围合，并由视知觉参与推理、联想，使其有形化而形成的三次元的虚空。空间一般由顶界面、底界面、侧界面围合而成，其中顶界面的有无，还是区分内、外空间的重要标志。

（1）底界面

底界面通常是室内空间的基面或地面，在大部分情况下是水平面；在某些场合下，也可以处理成局部升降或倾斜，以造成特殊的空间效果。

水平底界面：水平基面在平面上无明显高差，空间连续性好，但可识别性和领域感较差。通常可通过变化地面材料的色彩和质感明确功能区域（图1-20）。

图1-20　采用不同材质来进行区域的功能划分

抬高底界面：抬高基面是指在较大空间中将水平基面局部抬高，限定出局部小空间。当水平基面局部抬高，被抬高空间的边缘可限定出局部小空间，从视觉上加强了该范围与周围地面空间的分离性，丰富了大空间的空间感（图1-21）。

图1-21　采用抬高底界面来进行区域的功能划分

降低底界面：通过降低基面的手法，可以明确出空间范围，丰富大空间的体形变化，同时可以借助一些质感、色彩、形体要素的对比处理表现更具个性和目的的个体空间（图1-22）。

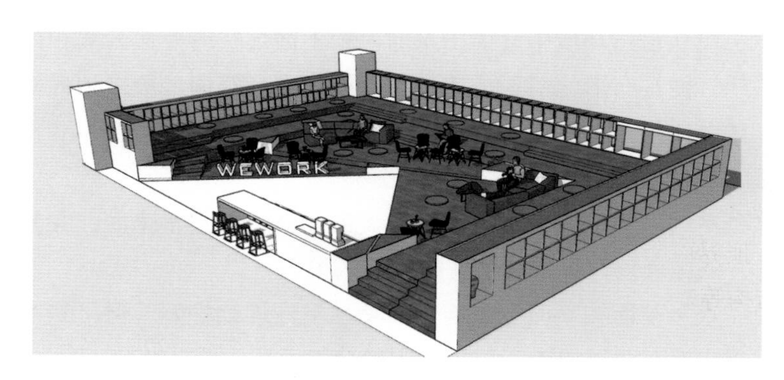

图1-22　采用降低底界面来进行区域的功能划分

（2）侧界面

侧界面主要包括墙面和隔断面，由于它垂直于人的视平线，因此对人的视觉和心理感受的影响极为重要。侧界面的相交、穿插、转折、弯曲都可以形成丰富的室内景观与空间效果。同时侧界面的开敞与封闭还会形成不同的空间流通效果与视觉变化。

① 单面布局。具有中心限定作用，但不会产生太强围合感，属于极弱的限定，空间的连续性超过独立性（图1-23）。

② L形布局。围合感较弱，多作为空间的一角而围合成的静态的休息或交流空间（图1-24）。

③ 平行布局。具有较强的导向性、方向感，属于外向型空间，如走廊、过道等（图1-25）。

④ U形布局。具有接纳、驻留的动势，开放端具有强烈方向感和流动性。三个面的长短比例不同，驻留感亦会不同（图1-26）。

⑤ 口形布局。口形垂直实体是限定度最强的一种形式，可完整地围合空间，界限明确，私密性、围合感都很强（图1-27）。

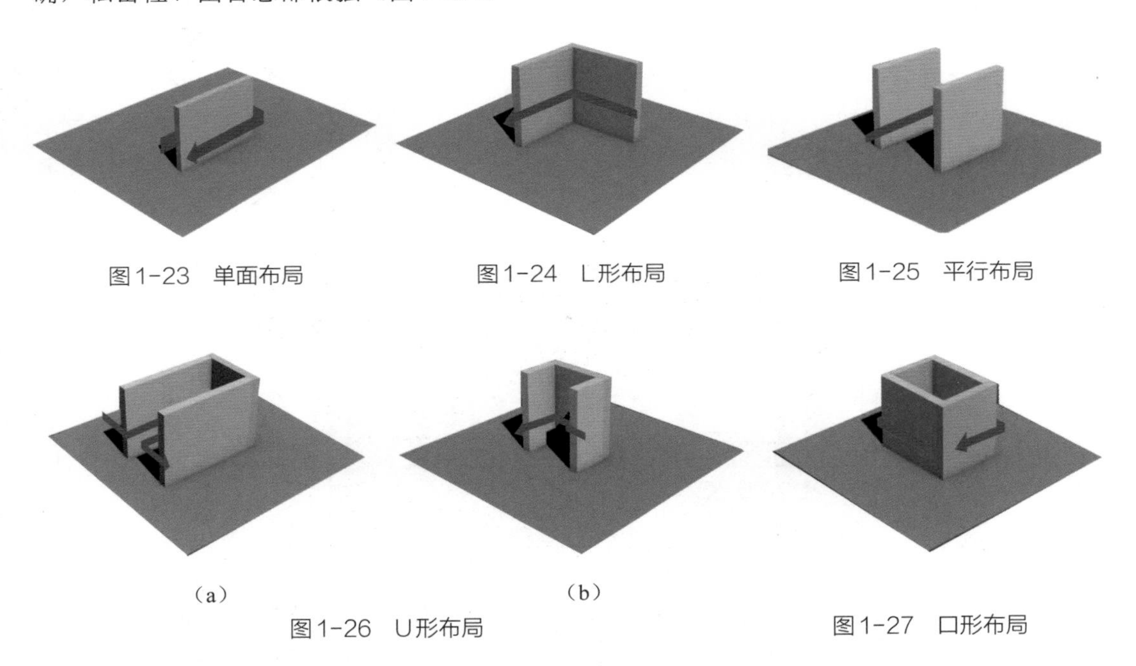

图1-23　单面布局

图1-24　L形布局

图1-25　平行布局

（a）

（b）

图1-26　U形布局

图1-27　口形布局

（3）顶界面

顶界面可以是屋顶的底面，也可以是顶棚面。除了顶界面的不同形状可以造成不同的心理感受之外，顶界面的升降也能形成丰富的空间感受。现代顶棚的分类方式很多，按顶棚装饰层面与结构等基层关系可分为直接式和悬吊式。

① 直接式顶棚。在建筑空间上部的结构底面直接做抹灰、涂刷、裱糊等工艺的饰面处理。如果结构方式和构件本身都有美的价值，那么顶棚就应采用显露结构的处理手法。这

样不加或少加装饰也能取得很好的艺术效果（图1-28）。

图1-28　直接式顶棚

② 悬吊式顶棚。在建筑主体下方利用吊筋吊住的吊顶系统，吊顶的面层与结构底层之间留有一定距离而形成有空间顶棚。这类顶棚可以遮掩、隐藏空间上部的建筑结构构件及照明、通风空调、音响、消防等各种网管设备，可以在一定程度上摆脱结构条件的约束，使顶棚形式及高度更加灵活和丰富，还有保温隔热、吸声、隔声等作用。室内建筑工程的顶棚主要是以悬吊式顶棚为主，常见造型形式有：平整式顶棚、凹凸式顶棚、井格式顶棚等（图1-29）。

图1-29　悬吊式顶棚

2.空间的分隔

室内设计首要进行的是空间组合，这是室内空间设计的基础，而空间各组成部分之间的关系，主要是通过分隔方式来体现的。要采用什么分隔方式，既要根据空间特点及功能要求，又要考虑艺术特点及心理要求。

（1）空间分隔的方式

室内空间分隔主要有以下四种方式：

① 绝对分隔。用承重墙或到顶的轻体隔墙等限定度（隔离视线、声音、温湿度等的程度）高的实体界面分隔空间，属于绝对分隔。这样分隔出的空间有非常明确的界限，是封闭的、隔声良好、视线完全阻隔或具有灵活控制视线遮挡的性能，因而与周围环境的流动性很差，但可以保证安静、私密和有全面抗干扰的能力（图1-30）。

图1-30　空间的绝对分隔

② 局部分隔。用部分的面（屏风、翼墙、不到顶的隔墙等）划分空间，属于局部分隔。这类分隔的空间界面只占空间界限的一部分，分隔面往往不完整，空间界限不十分明确，空间并不完全封闭，限定度也较低，抗干扰性要差于绝对分隔空间，但空间隔而不断，层次丰富，流动性好。可以使用实面，也可以是通过开洞等方式或使用透射材料形成的围合感较弱的虚面，限定度的强弱主要取决于界面的大小、材质、形态等因素（图1-31）。

图1-31　空间的局部分隔

③ 象征分隔。用低矮的面、罩、栏杆、花格、构架、玻璃等通透的隔断，或家具、绿化、水体、色彩、材质、光线、高差、悬垂物、音响、气味等因素分隔空间，属于象征分

隔，也称为虚拟分隔（图1-32）。它是限定度最低的一种空间划分形式，其空间界面模糊、含蓄，甚至无明显界面，主要通过部分形体来暗示、推理和联想，通过“视觉完形性”而感知空间。象征性分隔感侧重心理效应，具有象征意味，在空间划分上能够最大限度地维持空间的整体，隔而不断，流动性很强，层次丰富。

图1-32　空间的象征分隔

④ 弹性分隔。利用拼装式、直滑式、折叠式、升降式等活动隔断、帘幕以及活动地面、顶棚、家具、陈设等分隔空间的方式，属于弹性分隔。这种分隔界面可以根据空间的不同使用要求而随时启闭或移动，可以随时改变空间的大小、尺度、形状而适应新的功能要求和空间形式，具有较大的机动性和灵活性。

（2）空间分隔的方法

空间的分隔与联系，是室内空间设计的重要内容。分隔的方式决定了空间之间联系的程度，分隔的方法则在满足不同的分隔要求的基础上，创造出美感、情趣和意境。常用的分隔方法有：用建筑结构分隔，用水平面高差分隔（图1-33），用各种隔断分隔，用家具分隔，用色彩、材质分隔（图1-34），用装饰构架分隔，用照明分隔，用陈设及装饰造型分隔，用水体绿化分隔，用综合手法分隔。

图1-33　高差的分隔方法

图1-34　材质的分隔方法

二、室内空间组织与界面处理

1.室内空间组织

室内空间是通过分隔来实现的。但人类对空间的需要，往往是各种单一功能空间相互联系的组合体。因此，在空间组织设计时，需要设计师根据整体空间的功能特点、人流活动状况及行为和心理要求选择恰当的空间组合形式。

（1）单一空间的组合

① 包容式。即在原有大空间中，用实体或虚拟的限定手段，再围隔、限定出一个（或多个）小空间，大小不同的空间呈互相叠合关系，体积较大的空间把体积较小的空间容纳在其内，也称母子空间。包容式实际上是对原空间的二次限定，通过这种手段，既可满足功能需要，也可丰富空间层次及创造宜人尺度。

② 穿插式。两个空间在水平或垂直方向相互叠合，形成交错空间，两者仍大致保持各自的界线及完整性，其叠合的部分往往会形成一个共有的空间地带，通过不同程度地与原有空间发生通透关系而产生以下三种情况（图1-35）。

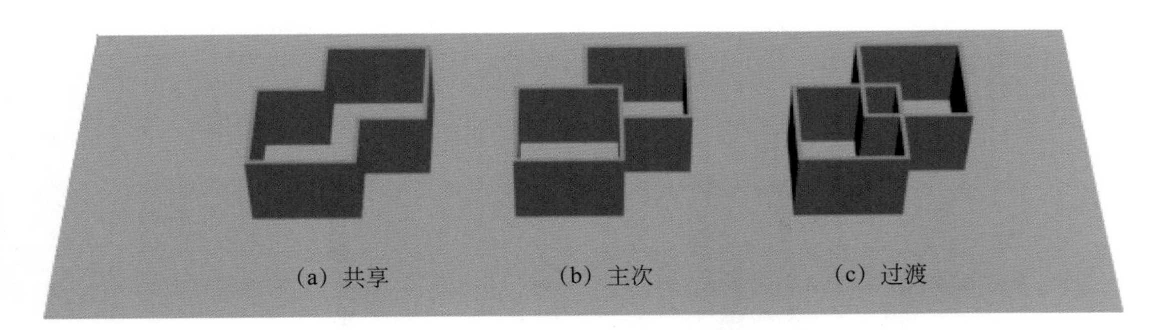

图1-35　穿插式空间组合

共享：叠合部分为两者共有，叠合部分与两者间分隔感较弱，分隔界面可有可无。

主次：叠合部分与一个空间合并成为其中一部分，另一个空间因此而缺损，即叠合部分与一个空间分隔感弱，与另一个空间分隔感强。

过渡：叠合部分保持独立性，自成一体，叠合部分与两空间分隔感都很强烈，实际上相当于在两空间原有形状中插入另一空间，作为过渡衔接部分存在的。

③ 邻接式。与穿插式不同，两空间之间不发生重叠关系，相邻空间的独立程度或空间连续程度，取决于两者间限定要素的特点。当连接面为实体时，限定度强，各空间独立性较强；当连接面为虚面时，各空间的独立性差，空间之间会不同程度存在连续性（图1-36）。邻接式分为直接邻接和间接邻接两种。

图1-36　邻接式空间组合

直接邻接：即两空间的边与边、面与面相接触连接的方式。

间接邻接：两空间相隔一定的距离，只能通过第三个过渡空间作为中间媒介来联系或连接两者。

（2）多空间的组合

虽然有时空间是独立存在的单一空间，但单一空间往往难以满足复杂多样的功能和使用要求，因此多数情况下，还是由若干单一空间进行组合，从而形成多种复合空间。

① 线式组合。这是一种按人们的使用程序或视觉构图需要，沿某种线型将若干个单位空间组合而构成的复合空间系统。

这些空间可以是直接逐个接触排列，形成互为贯通和串联的穿套式空间，也可由单独的通道等连接成为走道式空间，使用空间与走道空间分离，空间之间既可以保持连续性，又可以保持独立性。线式空间具有较强的灵活可变性，容易与场地环境相适应（图1-37）。

图1-37　线式空间组合

② 中心式组合。经由若干次要空间围绕一个主导空间来构成，是一种静态、稳定的集中式的平面组合形式。空间的主次分明，其构成的单一空间、呈辐射状直接或通过通道与主导空间连通，中心空间多作为功能中心、视觉中心来处理，或是当作人流集散的交通空间，其交通流线可为辐射状、环形或螺旋形。如居室空间中的客厅、公共空间中的大堂，以及人流比较集中的车站、展览馆、图书馆等处，多会采用这种空间形式（图1-38）。

图1-38　中心式空间组合

③ 组团式组合。通过紧密连接来使各个空间相互联系的空间形式。其组合形式灵活多变，并不拘于特定的几何形状，能够较好地适应各种地形和功能要求，因地制宜，易于变通，尤其适于现代建筑的框架结构体系（图1-39）。

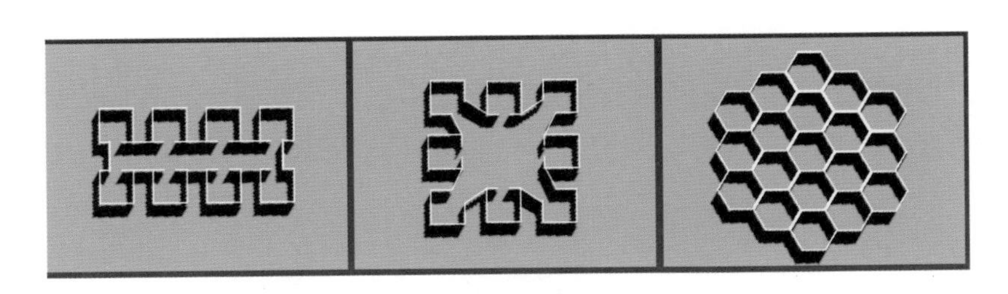

图1-39　组团式空间组合

（3）室内空间组织的处理手法

良好有序的空间组织是室内空间设计的基础，为展现空间总的体势或突出空间的主题，我们还需要综合运用空间的对比与变化、重复与秩序、过渡与衔接、渗透与层次、引导与暗示等空间的处理手法来丰富空间的秩序。

① 空间的对比与变化。两个毗邻的室内空间，如果在某一方面出现明显的差异，借助这种差异的对比，可以反衬出各自的特点，从而使人们从这一空间进入另一空间时在心理上产生突变和快感。

a.空间体量的对比。这是一种类似中国古典园林式建筑“欲扬先抑”的造园手法，通过相邻两个空间体量的对比差异，突出主体空间并获得丰富的空间感。其中最常见的形式是：在通往主体大空间的前部，有意识地安排一个极小或极低的空间，通过这种空间时，人们的视野被极度压缩，一旦进入高大的主体空间时，视野豁然开阔，从而引起人们心理上的突变和情绪上的激动和振奋。

b.开敞与封闭的对比。封闭的空间一般较暗淡，与外界缺乏应有的联系；而开敞空间较明朗，与外界的关系较密切。当人们从闭塞的空间进入开敞空间时，因空间的开合、明暗、虚实等产生的强烈对比，使人们顿时感到豁然开朗。

c.空间形状的对比。不同的形状的空间组合也会产生对比作用，可产生空间之间的变化，破除其单调感。然而，空间的形状往往与功能有密切的联系。为此，必须考虑功能的特点，并在功能允许的条件下适当地变换空间的形状，从而借空间形状之间的对比作用以求得变化，以及打破单调或创造重点和主体空间。

d.空间方向的对比。建筑空间，出于功能和结构因素的制约，多以长方体的形式呈现，若把这些长方体空间纵、横交替地组合在一起，常可借其方向的改变而产生对比作用，利用这种对比也有助于丰富空间的形式而求得变化。

② 空间的重复与秩序。重复就是一种或几种空间形式，有规律的重复出现，或以某种要素为基础反复加以使用，使空间的组织产生一种简洁、清晰的韵律感和秩序感。再统一的整体，对比可以打破单调，求得变化，而重复则可以增强形式的统一感。当然，空间的重复组织如处理不当，则会因缺乏活力而产生单调感。只要在重复组织过程中，注意一些变化，那么重复不仅不会流于单调，反而有助于空间整体的统一。例如利用重复出现的圆形统一空间。

③ 空间的衔接与过渡。两个空间如果以简单的方法直接连通则会产生生硬或突兀的感觉。为了避免产生这种感觉，需要在空间的衔接处插入一个过渡性空间（如过厅），用以减缓空间过渡的突然性，同时加强空间的节奏感。过渡性空间没有具体的功能性，空间的处理应尽可能小一些、低一些、暗一些，与功能空间形成一种反差，借以衬托主要空间（图1-40）。

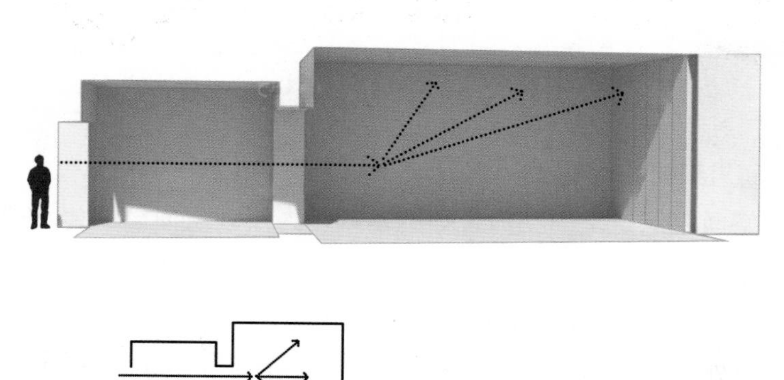

（a）

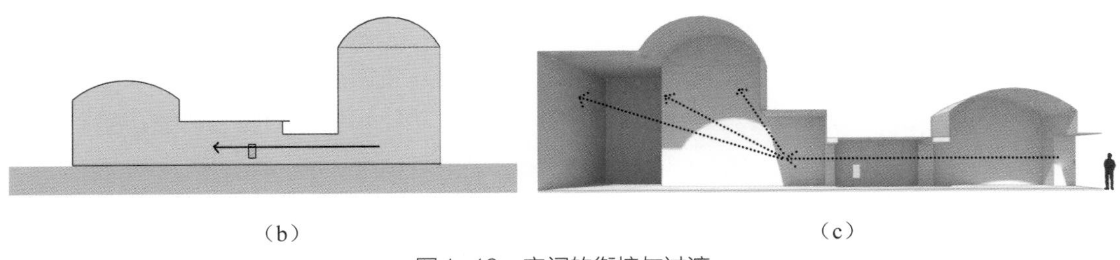

（b）　　　　　　　　　　（c）

图1-40　空间的衔接与过渡

④ 空间的渗透与层次。在空间的组合中，为使两个相邻的空间保持相互贯通，在相邻空间或内外空间之间通过开洞、采用虚体的隔断等手法，向上下左右彼此渗透，如中国古典园林中的“借景”手法。这有助于增加空间的层次感、深邃感，打破有限空间的相对局限，还可以改变空间的尺度感，使空间延展，从而获得小中见大、虚实相生的空间效果（图1-41）。

⑤ 空间的引导与暗示。在比较复杂的空间组织中，由于功能、地形或其他条件的限制，可能会使一些主要的空间位置不够明显、突出，以致不易发现，或是需要有意识地避免“开门见山”，而将某些“亮点”置于比较隐蔽的地方等原因，这就需要对人流有意识地加以引导或暗示，使人们能够按既定的路线运动、前行，不经意中沿特定的空间序列进入下一个空间（图1-42）。

图1-41　空间的渗透与层次

图1-42　空间的引导与暗示

2.室内空间界面处理

室内空间界面处理指对室内空间的各个围合面（地、墙、顶）的使用功能和特点的分析，对界面的形状、图形线形、肌理构成的设计，以及界面和结构的连接构造，界面和风、水、电等管线设施的协调配合等方面的设计（图1-43、图1-44）。当然，界面处理不一定要做“加法”，一些建筑物的结构构件也可以不加装饰，作为界面处理的手法之一，这正是单纯的装饰和室内设计在设计思路上的不同之处。室内空间组织和界面处理，是确定室内环境基本形体和线形的设计内容，设计时以物质功能和精神功能为依据，同时要考虑相关的客观环境因素和主观的身心感受。

图1-43　不同材质室内界面处理（一）

图1-44　不同材质室内界面处理（二）

三、室内空间照明

室内空间照明是室内环境设计的重要组成部分。室内照明设计要有利于人的活动安全和舒适的生活。在人们的生活中，光不仅仅是室内照明的条件，而且是表达空间形态、营造环境气氛的基本元素（图1-45）。贾纳尔·伯凯利兹说：“没有光就不存在空间。”光照的作用对人的视觉功能极为重要。室内自然光或灯光照明设计在功能上要满足人们多种活动的需要，同时还要重视空间的照明效果。

图1-45　不同的照明方式给人的视觉感受

1. 室内的照明分类及方法

（1）直接照明

光线通过灯具射出，其中90%～100%的光通量到达假定的工作面上，这种照明方式为直接照明。直接照明具有强烈的明暗对比，并能造成有趣生动的光影效果，可突出工作面在整个环境中的主导地位。但是由于亮度较高，应防止眩光的产生。直接照明常用于工厂、普通办公室等。

（2）半直接照明

半直接照明方式是半透明材料制成的灯罩罩住光源上部，60%～90%的光线集中射向工作面，10%～40%光线又经半透明灯罩扩散而向上漫射，其光线比较柔和。这种灯具常用于较低房间的一般照明。由于漫射光线能照亮平顶，使人产生房间顶部高度增加的错觉，因而能产生较高的空间感。

（3）间接照明

间接照明方式是将光源遮蔽而产生的间接光的照明方式，其中90%～100%的光通量通过天棚或墙面反射作用于工作面，10%以下的光线则直接照射工作面。通常有两种处理方法：一种是将不透明的灯罩装在灯泡的下部，光线射向平顶或其他物体上反射成间接光线；另一种是把灯泡设在灯槽内。

（4）半间接照明

半间接照明方式和半直接照明相反，把半透明的灯罩装在光源下部，60%以上的光线射向平顶，形成间接光源，10%～40%的光线经灯罩向下扩散。这种方式能产生比较特殊的照明效果，使较低矮的房间有增高的感觉。其适用于住宅中的小空间部分，如门厅、过道、服饰店等。

（5）漫射照明

漫射照明方式利用灯具的折射功能来控制眩光，将光线向四周扩散漫射。这种照明大体上有两种形式：一种是光线从灯罩上口射出，经平顶反射，两侧从半透明灯罩扩散，下部从格栅扩散；另一种是用半透明灯罩把光线全部封闭而产生漫射。这类照明光线性能柔和，视觉舒适，适用于卧室（图1-46）。

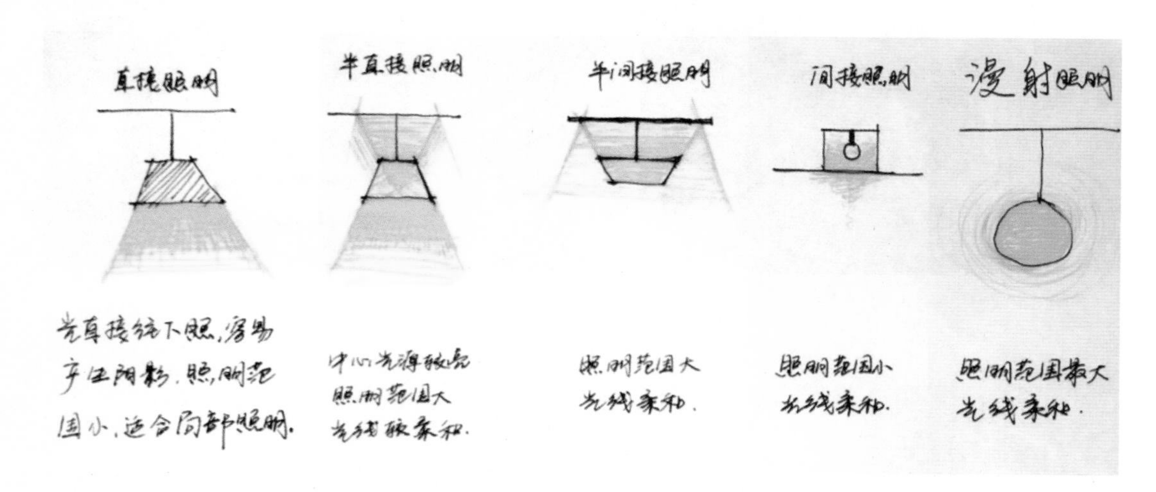

图1-46　不同形式的照明方式

2.灯具的分类

室内照明灯具包括室内固定式灯具和室内移动式灯具两大类。由于各类室内灯具安装的场所不同，有的灯具作一般照明，有的作局部照明，有的作应急照明，有的在低温状态下照明，也有的在易爆环境下照明。室内设计中常用的几种照明灯具如下：

（1）吊灯　吊灯是悬挂在室内屋顶上的照明灯具，经常用作大面积、大范围的一般照明。它比较讲究造型，强调光线效果。吊灯的造型千姿百态，风格各异。总的来说，可按光源分成两类，即普通型（白炽灯类）和节能型（荧光灯类）；按结构形状则可分为链吊式和线吊式等，如果按灯具材料分则有更多种类（图1-47）。

图1-47　吊灯的使用

（2）吸顶灯　吸顶灯是直接安装在顶棚上的一种固定式灯具，用作室内一般照明，与吊灯的作用大致相仿（图1-48）。

（3）壁灯　壁灯是一种安装在墙壁、建筑支柱及其他立面上的灯具。壁灯的作用是补充室内一般照明。因此，壁灯的光源功率较小，白炽灯壁灯的最大功率一般不超过80W，荧光灯壁灯的最大功率一般不超过30W（图1-49）。

图1-48　吸顶灯的使用

图1-49　壁灯的使用

（4）移动灯具　室内移动灯具有台灯、落地灯等。建筑物室内布置经常发生局部变化，照明设置也将随之而变动，移动式灯具的使用就很有必要。室内移动灯具的功率都比较小，起局部照明作用，由于这类灯具与家具、艺术展品等安置在一起，其外观造型也十分讲究（图1-50）。

（5）其他灯具　灯箱的使用见图1-51。

图1-50　移动灯具的使用

图1-51　灯箱的使用

四、室内空间色彩

室内设计的要素当中，色彩的应用占据重要的地位。

室内设计中所体现的色彩是以生活为目标，以人的实用为宗旨的色彩追求与选择。无论是设计师、业主、老百姓或生活中的消费者，都存在对色彩的需要。正是这样才使我们应倍加考虑色彩在日常生活中、在室内环境中和在室内设计时应如何去表现，因为室内设计色彩已完全不是自然色彩的本身，而是设计师在对色彩认识理解后的一种反映，是考虑了设计空间的功能、风格、面积、采光等因素之后所做出的科学合理的搭配。

室内设计色彩表现是指与普及而广泛的生活色彩、自然色彩有所不同的表达形式，因此室内设计色彩应是彻底地明白色彩的实际观念，包括应用手法、技巧等专业知识，通过专业设计人员及艺术家采用价值分析、实用性判断之后，将色彩设计转化为一种技术性选择的行为设计方法。这种将色彩创造在空间中的表现，将自然色彩进行人工化的系统设计就是室内设计的色彩表达意义（图1-52）。它的价值在于色彩与人的生存建立了联系，色彩与实用融为一体，成为人性化设计意义的重要组成部分。

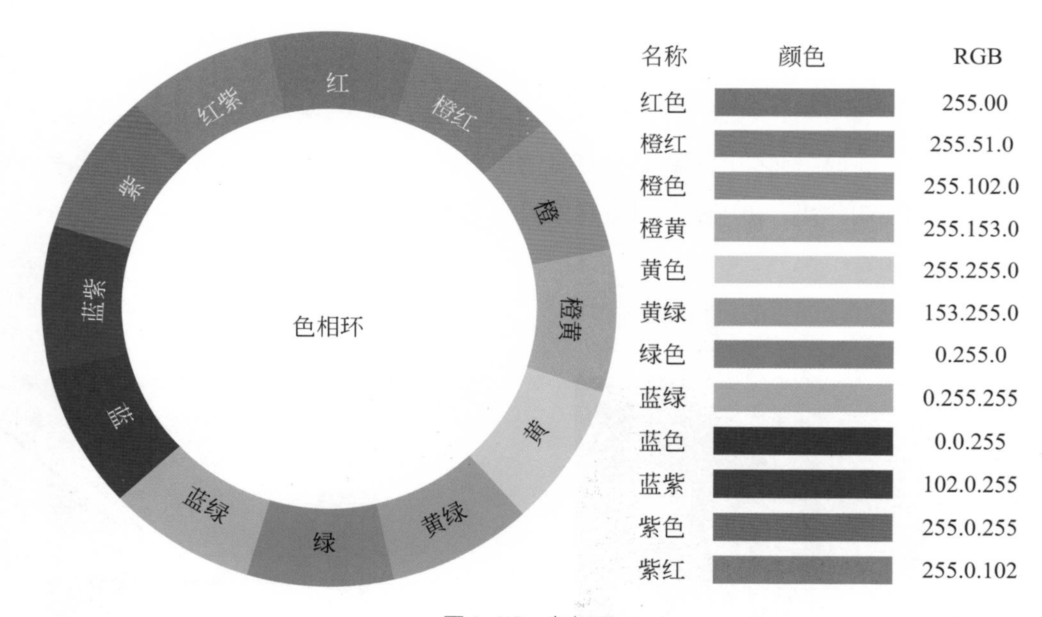

名称	颜色	RGB
红色		255.00
橙红		255.51.0
橙色		255.102.0
橙黄		255.153.0
黄色		255.255.0
黄绿		153.255.0
绿色		0.255.0
蓝绿		0.255.255
蓝色		0.0.255
蓝紫		102.0.255
紫色		255.0.255
紫红		255.0.102

图1-52　色相环

在设计色彩领域中色彩设计首先受到市场需求的很大影响。可以说人们对色彩的偏好是受到各种商业因素的影响，一些色彩的流行往往首先受到时尚行业的引导，然后又渐渐影响到室内设计领域之中。色彩协会在每一销售旺季的前两年开始为纺织行业协会会员、服饰行业协会会员、室内设计行业协会会员、涂料行业协会会员，以及建筑装饰及陈设等行业协会会员提供其对色彩流行趋势的预测，然后逐步使设计色彩流行成为行业设计方面专业色彩设计的重要依据，并能够将色彩的设计应用于不同的艺术专业之中。

室内设计色彩仍然如此，在室内设计中除去对顾客本身的色彩偏爱，色彩潜在的心理暗示作用，色彩的流行趋势和美学上可行性的种种考虑之外，室内空间色彩的计划色彩的整体风格，包括装饰材料色彩的选择，室内主色调、家具色彩搭配等都要系统考虑，统一设计（图1-53、图1-54）。围绕室内的不同功能需要，进行各种有效的空间色彩细化，完成各类不同形式的空间色彩表现，以达到室内色彩设计最佳效果，而室外色彩也同样有着不同的功能作用。

图1-53　客厅色彩搭配

图1-54　卧室色彩搭配

1.室内色彩的心理效应

我们认识了色彩的基本特性和规律，清楚了绘画色彩与设计色彩的区别，设计色彩对色彩的分类进行了更加专业的归类划分。设计色彩会对人的生理和心理产生一定影响，红色、黄色、橙色被用于刺激和吸引顾客的注意力；蓝色多用于暗示着干净和宁静；红色通常与高兴、兴奋联系在一起；绿色及棕色则更能引起人们对自然的一种联想，给人一种有活力的感觉（图1-55～图1-58）。

图1-55　黄色的应用及给人的视觉感受

图1-56　蓝色的应用及给人的视觉感受

图1-57　红色的应用及给人的视觉感受

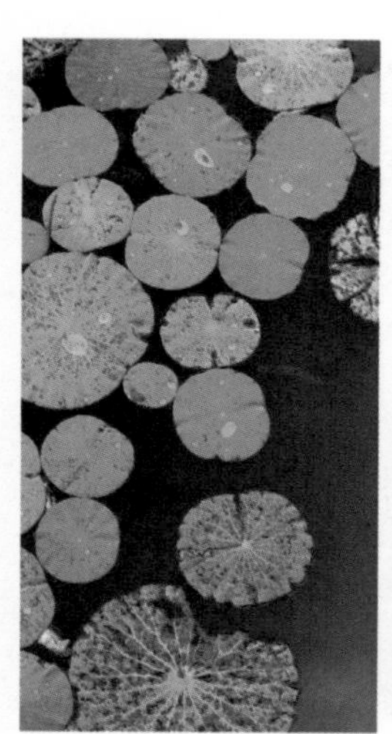

图1-58　绿色的应用及给人的视觉感受

设计色彩中的黑、白、金、银，则有效地提供了高品质、高技术、高情调的工业化精致感。灰色常常被认为是最高级的色彩境界，也往往成为保守的象征，更多地被老年人认可，这也许是由于它也代表着一种理智、知性和稳定。色彩有着一种暗示的作用，它包含了各种浓缩了的信息。色彩中所讲的冷色与暖色，是根据色相环中的人对色彩的感觉进行分类的，相对划分出偏温暖感觉与偏寒冷感觉的色彩。

暖色代表兴奋、积极、热情、膨胀、奋发、温馨、外向、刺激、主动、冷静与兴奋。

冷色代表平和、消极、压抑、清凉、沉静、镇定。此外，冷色在色相上也常常是纯度较低的颜色，有冷静的感觉。因此，冷色被认为是冷静色。

2.室内色彩的处理

室内色彩效果的形成因素是复杂、多方面的，室内环境色彩主要来自室内物体的主色彩，设计师应学会综合考虑室内空间中各元素之间颜色的相互关系，学会如何使用色彩来修饰空间及各个形态的外形、尺度、距离，突出哪些部分，抑制、削弱哪些部分，哪些部件要素应构成中景，哪些将构成远景，以及这些色彩如何在光线照射下达到相互映衬的效果（图1-59）。

图1-59　活动空间色彩搭配

（1）色彩主调的选择　主调就是室内色彩整体的基本调。

室内色彩的冷暖、感觉、气氛都是通过主调来体现的。主调的选择是一个决定性的步骤，应该满足功能和精神的双重要求，目的在于使人们感到舒适。换言之室内空间的使用性质也决定了室内色彩的主调。因此，在主调的选择上应注意以下几个方面。

① 空间的使用目的：不同的使用目的，在考虑色彩的明暗、感觉的体现、气氛的形成各不相同（图1-60、图1-61）。

图1-60　某办公空间色彩搭配

图1-61　某休闲空间色彩搭配

② 空间使用者的类别及喜好：老人、小孩、男、女，对色彩的要求有很大的区别，不同民族、文化层次和职业等对色彩的要求也不同，一般说来，在符合原则的前提下，应该合理地满足不同使用者的爱好和欣赏习惯，才能符合使用者心理要求（图1-62、图1-63）。

图1-62　某成人卧室色彩搭配

图1-63　某儿童卧室色彩搭配

③ 使用者在空间内的活动及使用时间的长短：学习的教室，工业生产车间，不同的活动与工作内容，要求不同的视线条件，才能提高效率、安全和达到舒适的目的。长时间使用的房间的色彩对视觉的作用，应比短时间使用的房间强得多。色彩的色相、明度对比等的考虑也存在着差别，对长时间活动的空间，主要应考虑不产生视觉疲劳。

④ 空间表现的主题：即希望通过色彩达到怎样的感受，是典雅还是华丽，安静还是活跃，纯朴还是奢华。用色彩语言来表达需要把握各种颜色的表情特征，认真仔细地去鉴别和挑选。

总之，室内主调的选择是室内空间色彩设计的首要一步，尤其对规模较大的建筑，就更应贯穿在整体的建筑空间中，在此基础上再考虑局部的、不同部位的适当变化。

（2）色调的配比协调　色调可以认为是色彩的意境，室内色调是由空间环境中各物体的色彩相互配合物体的表面所形成的总的色彩倾向。明亮的空间色调会让人轻松愉快，昏暗的色调则会给人安静神秘感；纯色调会使人兴奋激动，以及烦躁不安，灰色调则会朴实淡雅。色彩面积的比例关系对色调的影响举足轻重，同样的色彩组合面积配比不同，给人的印象完全不同（图1-64）。

图1-64　不同色彩给人的不同感受

当主调确定以后，接下来应考虑色彩的布置及其比例分配。根据色彩的比例、位置关系，我们常把室内色彩概括为背景色、主体色和强调色三部分。

① 背景色：主要指室内的墙面、地面、顶面主界面的色彩，这一部分色彩面积很大，往往会构成环境的色彩基调，对室内色彩关系起到统筹、决定空间基本形象的作用。由于色彩具有扩大效应，对于空间中的大面积，一般情况应尽量采用较安静的中性色彩，避免过度的视觉刺激，以便能充分发挥背景的衬托作用。

③ 主体色：主要是指室内占统治地位的家具、织物等中等面积的色彩，作为与主色调的协调色或对比色。这部分颜色往往是室内色彩的主要效果媒介，其款式、质地和色彩，都会显示室内独特的气氛，引人注目。

③ 强调色：主要指小面积、小尺度的家具、陈设，如装饰画、工艺品等，是点缀色。虽占较小的比例，但由于风格的独特、色彩的强烈，往往成为室内的视觉焦点，引人关注。它应与主导色形成对比，并挑选相宜的浓色与淡色，打破单调感，给整体的色彩环境增添活力。

一般情况下，一个空间的大面积表面，如墙面、顶棚等，宜采用各种调和灰调，以获得安静、柔和的气氛。其中，白色几乎是唯一可以推荐的适用性较强的大面积使用颜色，大面积应慎重使用强烈色彩，尤其是小房间。调和的色彩方案可以用某种单色作为整个室内的主调或背景色，或用类似色基调（如色相、明度、纯度方面的类似）以取得和谐统一的效果（图1-65、图1-66）。而制造空间的中心、焦点，强化空间形式，可以使用背景的对比色甚至补色，但还是要兼顾整体效果，注意面积对比的因素，尽量避免同等面积的色彩分布和过于强调变化而造成的散漫、杂乱。

图1-65 客餐厅色彩搭配

图1-66 客厅色彩搭配

（3）色彩的协调统一 背景色、主体色、强调色三者之间的色彩关系绝不是孤立的、固定的，如果机械地理解和处理，必然千篇一律，变得单调。换句话，要想创造出丰富多彩的室内空间氛围，既需要有明确的图底关系、层次关系和视觉中心，又不能忽视色彩间的过渡衔接和渗透呼应关系。

3. 室内色彩的配色方法

造型美产生于形体、色彩和材料美的综合，人们在观察室内装饰空间时，第一感觉就是室内所有色彩的搭配的综合效果，这就是配色的美。一个室内空间采用相同的材料和造型来装饰，如果配色不同，会产生或华丽或朴素等各式各样的环境氛围。

（1）室内色彩的配色基本方法

① 单色相配色法。指室内空间采用某一色相为主，当然，其色彩的明度和纯度可以有所变化，形成统一的某种色调，如黄色调、绿色调。这种方法的最大优点在于能创造鲜明的室内色彩情感，产生单纯而细腻的色彩韵味。这样的配色法适应大多数灯光条件，创造让人感觉舒适、心情放松的环境（图1-67）。

图1-67　某公共空间色彩搭配

② 类似色配色法。指室内空间采用一组类似色，并通过其明度与纯度的配合，使室内产生一种统一中富有变化的效果，这种方法容易形成高雅、华丽的视觉效果，适合于中型或动态空间。

③ 互补色配色法。指在室内空间采用一组对比色，充分发挥其对比作用，并通过明度和纯度的调节以及面积的调整而获得对比和谐的效果。这种方法容易引发强烈动感的效果，适用于大型动态空间、娱乐空间（图1-68）。

图1-68　互补色配色图

④ 无色彩调和法。如果两个色彩的组合不协调，加入黑、白、灰或过渡色，可以取得和谐统一的效果。如蓝与绿显得不调和，但如果在其间加入白色，就能补救这种不调和的现象。

综上所述，色彩在室内设计中不仅是创造视觉美的主要媒介，而且还兼有个性的表现、光线的调节、空间的调整、气氛的造就等技能方面的作用。在现代室内设计中，用色一定要简洁，每个部分的用色要服从整个室内装饰的主调，最终达到室内装饰效果完美的目的。

（2）室内色彩的配色要点　室内色彩不宜过多，通常采用不超过三种色相的色彩为主要色调，而选用黑、白、灰、金、银、木色来搭配。纯度与色彩种类要处理得当。当室内色彩较多时（多于或等于三种），其同色的材料纯度变化要少（图1-69 ～图1-71）。

图1-69　不同色彩面积给人的视觉感受

图1-70　手机售卖空间色彩搭配

图1-71　改造后空间色彩搭配

五、家具、陈设及绿化

家具、陈设及绿化也是室内设计中的重要部分之一，在室内环境中的实用和观赏效果都极为突出，通常它们都处于视觉中显著的位置。家具、陈设、绿化可烘托室内环境气氛，在形成室内设计风格等方面起着重要的作用。

室内家具、陈设与绿化在室内空间中与人的关系最为密切，它可以在建筑与人之间建立一种过渡关系，使冰冷的室内空间产生效能和生机，使其变得更加舒适和便捷，通过家具、陈设以及绿化的选用和布置，可以使空间得以重新规划、充实，视觉效果同时得到改善，建立新的空间比例、尺度关系，是室内设计中非常重要的环节。

1.室内家具

家具是室内设计中的重要组成部分，与室内环境设计有着密不可分的关系。自古以来，人类就在利用自然物质为自己的生活服务，如石凳、石桌、树桩等。随着社会的进步、生产的发展，人们利用各种材料设计制造了种类繁多、形式各异的家具，为自身各种形式的活动服务。家具发展至当代，它渗透于人类现代生活的各个方面，如日常生活、工作、学习、科研、交往、娱乐、衣食住行等各种活动中。

家具是体现室内气氛和艺术效果的主要角色，是室内环境功能的主要构成因素和体现者。在室内环境设计中，家具的陈设布置与排列设计，对整个空间的分隔，对人的活动及生理、心理上的影响是举足轻重的。它的功能具有双重性，既具有使用功能又具有精神功能。

（1）使用功能

① 为人的日常生活服务。家具最初的功能如坐、卧、储藏等都是为了满足人类自身的需要（图1-72）。

图1-72　家具的日常使用功能

② 分割和充实空间，限定人的活动范围。在现代建筑中，为了满足使用功能所需的空间，常由家具来完成空间的分隔，以提高室内空间使用的灵活性和利用率，选用的家具一般都具有适当的高度和视线遮挡作用。另外，利用家具充实空间会为空间构成中出现的轻重不均的现象起到很好的平衡作用（图1-73）。

图1-73　家具的分隔空间功能

③ 划分不同的功能区域。在一定的空间中，人们从事的活动或生活方式会是多样的，也就是说在同一室内空间中要求有多种使用功能。合理地组织、划分多种使用功能是依靠家具的布置来实现。

④ 间接扩大空间的作用。准确地把握家具和室内其他设备的尺度比例关系，能间接扩大室内空间（图1-74）。

图1-74　家具的扩大空间作用

② 精神功能

① 体现人的品质修养、职业与审美。家具是一种使用广泛的大众化工业产品，男女老幼、各种不同文化层次的人们都会接触家具，就会形成不同的审美观。人们在较长时间与一定风格的造型艺术接触中，受到感染和熏陶后出现的品位偏好也可以不同程度地体现出人们的职业与审美修养（图1-75）。

② 反映时尚与传统和民族文化。家具的艺术造型及风格带有强烈的地方性和民族性，因此在室内设计中，常常利用家具的这一特性来加强民族传统文化的表现及特定环境氛围的营造。在许多设计项目中，由于使用功能的要求，不可能将空间的各个界面做多样的处理，体现地方性及民族性的任务往往由家具来承担。

图1-75　家具的精神功能

③ 构成气氛、意境、景观的要素。家具除了可以丰富空间、增加层次、调节色彩关系、满足审美的情趣外，还可以用来表达个性品位，营造烘托特定氛围，以体现特定的内涵。有些家具甚至演变为专门的观赏陈设艺术品，只是为了烘托、营造氛围而存在。

2.家具的分类

（1）按使用功能分类

① 坐卧类：以支撑人体为主要目的的家具，与人体接触最多，受人体尺度制约较大。主要应符合人的生理特征和需求，如椅、凳、沙发、床等（图1-76）。

② 凭倚类：是人们工作和生活所必需的辅助性家具，为人体在坐、立状态下进行各种活动提供依靠等相应的辅助条件，比如餐桌、工作台等。所以应兼顾人体静态、动态尺寸等因素（图1-77）。

图1-76　坐卧类

图1-77　凭倚类

③ 储藏类：以承托、存放或展示物品为主要目的的家具，如各种橱、柜、架、箱等（图1-78）。

④ 分隔类：为提高内部空间的灵活性，减轻建筑自重，常用这种类型的家具来完成对空间的二次划分任务。如体育馆观众席里不同颜色的座椅，可起到对空间的虚拟划分的作用（图1-79）。

图1-78　储藏类

图1-79　分隔类

（2）按构成分类

① 单体式家具：是指功能明确、形式单一的独立家具。常用的桌、椅均为单体式家具。

② 组合式家具：是由具有一定使用功能的单体家具组合而成的。组合家具大体上分两种：

a. 单体家具组合。每一单体家具都具独立性，本身就是一件完整的家具。几件这种单体家具，如果它们之间的模数关系、造型风格、结构方式一致，可采用传统的榫卯结合，就可形成组合的关系。

b. 部件装配组合。采用通用程度较高的标准部件，通过不同的组装方式构成不同的家具形式，满足不同的需求。它的优点在于提高效率，便于机械化、自动化流水线生产。

3. 室内陈设

室内陈设是室内环境中十分重要的一部分，室内环境中只要有人生活、工作、娱乐，就必然有或多或少的不同品类的陈设。室内空间的功能和价值常常需要通过陈设来体现，室内设计的气氛和情调，在很大程度上取决于室内的陈设设计。

（1）陈设的作用　陈设品在室内环境的使用具有很大灵活性，在室内空间中不仅具有特定的使用功能，包括组织空间、分隔空间、填补和充实空间，还应具有烘托环境的气氛，容易营造和增加室内环境的感染力，强化环境风格等装饰作用，以及体现历史、文化传统、地方特色、个人品位等精神内涵（图1-80）。

（2）陈设的分类

① 功能性陈设。功能性陈设是指具有一定实用价值，同时又有一定观赏性或装饰作用的陈设，包括家具、灯具、餐具、电器、文体用品等。它们既是人们日常生活的必需品，具有极强的实用性，又能起到美化空间的作用。当前大量电器设施的使用，对室内设计和家具配置产生很大的影响。由此，协调室内设施与家具配置和陈设的关系在功能性陈设中是一个重要的问题。

图1-80　室内陈设品

② 装饰性陈设。装饰性陈设是指没有特定实用功能，主要是为了创造气氛、体现风格、加强空间含义等精神功能而纯粹用作观赏、品味的陈列品，如工艺品、书法、绘画作品、植物、纪念品，以及其他收藏嗜好品。

（3）陈设的布置原则

① 对比和统一相结合。面积小的陈设造型，往往强调与整体环境的对比以产生生动活泼的气氛，丰富室内视觉效果，打破单调的僵局，但数量不宜过多，否则易琐碎。面积较大的陈设品，对于整体环境的影响极大，造型变化应防止造成室内的杂乱，失去整体感。所以，小面积陈设宜与背景形成对比效果，大面积陈设宜强调统一。另外，各陈设品之间也应有主次，形成次序。

② 构图均衡，尺度适当。一个室内空间，往往不止一件陈设，而是有多种不同类型的陈设。不同的室内陈设品，由于面积、数量、位置及疏密关系的不同，会与邻近摆放的其他物品相互关系，相互作用。每种物品最恰当的陈设位置、色彩关系、造型协调等，以及空间构图都要考虑。除此以外，还应兼顾摆放空间的尺度关系，陈设数量过多、尺度过大，则室内空间容易拥挤堵塞；陈设过少、过小，则室内空间容易空旷、琐碎。还要考虑到欣赏者视觉条件、视觉范围，高大物品应留出可供后退的观赏距离，小的物品应允许人近前仔细品味、欣赏。

③ 强调与削弱。利用摆放合适的位置、投射灯光等手段，可以强调中心和主题，突出主体，削弱次要，适宜的高度和灯光效果还会宜于物品的观瞻。这样的强调和削弱，可以增强空间的层次感，把需要重点渲染的陈设强调出来，同时让次要的陈设退进去，融进背景里。

（4）陈设方式

① 墙面陈列。悬挂在墙上的物品陈列，可采用钉挂、张贴方式与墙面进行连接。

② 台面陈列。将陈设品陈列于水平台面上，是室内空间中最常见的陈列方式。

③ 橱架展示陈列。是一种兼具储存作用的展示形式，由于橱架的介入，容易显得整齐有序感。不仅对陈列物品起一定保护作用，还能提高空间利用率。

④ 落地陈列。适用于大型的物品，同时还会具有分隔空间、引导人流的作用。但会占用一定的地面面积，一般情况下不宜过多。

⑤ 悬挂陈列。多用于较为高大的空间，可充分利用空间，以不影响、妨碍人的活动为原则，并可丰富空间层次，创造宜人尺度。常用的悬挂陈设有织物、雕塑、绿化等。

4.室内绿化

室内绿化具有改变室内小气候和吸附粉尘的功能，更为重要的是，室内绿化使室内环境生机勃勃，带来自然气息，令人赏心悦目，起到柔化室内人工环境的作用（图1-81）。

图1-81　带有室内绿化的空间

常见室内装饰植物见图1-82～图1-91。

图1-82　铜钱草

图1-83　玉龙观音

图1-84　幸福树

图1-85　豆瓣绿

图1-86　金枝玉叶

图1-87　长寿花

图1-88　米兰

图1-89　鹅掌柴

图1-90　栀子花

图1-91　三角梅

习题

1. 简述空间的构成。
2. 室内空间分隔主要有哪几种方式?
3. 常用的空间分隔的方法有哪些?
4. 室内空间的组织形式有哪些?
5. 简述室内照明的分类及方法。
6. 简述家具的功能和作用。
7. 尝试在现居住空间培育一盆自己比较喜欢的绿植。

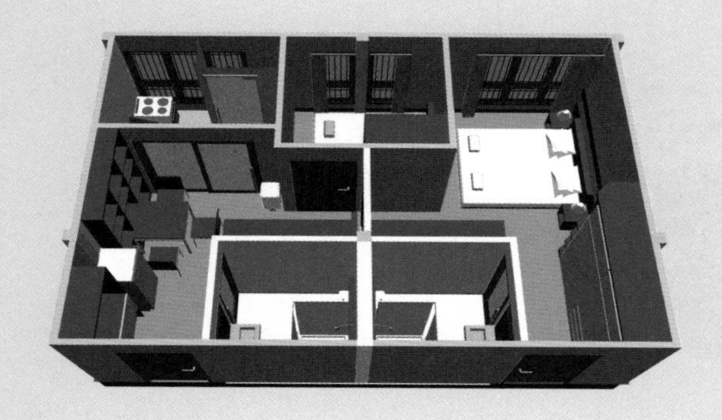

项目二 室内设计项目实操

知识目标

了解合同签订相关内容；
掌握室内项目勘测的方式、步骤及勘测的主要内容；
掌握项目分析的方法；
掌握室内项目表达的方式；
了解项目现场服务的具体内容。

技能与思政目标

掌握设计师在项目勘测、方案分析、方案设计表达及现场服务等方面的内容。牢固树立当代大学生的法治意识、服务意识，逐步提高学生的敬业精神。

单元一

签订项目合同

必备知识：了解常规的合同文本，掌握一定的文字描述能力，熟悉工程项目的施工内容。

职业技能：根据项目的特点填写合同。

工作步骤：找出常用的合同文本，根据项目的特点进行文本修订填写。

合同是指为实施工程，发包方和承包方之间达成的明确相互权利和义务关系的协议，包括合同条件、协议条款以及双方协商同意的与合同有关的全部文件。

一、协议条款

协议条款是指结合具体工程，除合同条件外，经发包方和承包方协商达成一致意见的条款。

二、工程涉及的负责人范围

① 发包方（简称甲方）是指协议条款约定的具有工程发包主体资格和支付工程价款能力的当事人。甲方的具体身份、发包范围、权限、性质均需在协议条款内约定。

② 承包方（简称乙方）是指协议条款约定的具有工程承包主体资格并被甲方接受的当事人。

③ 甲方驻工地代表（简称甲方代表）是指甲方在协议条款内指定的履行合同的负责人。

④ 乙方驻工地代表（简称乙方代表）是指乙方在协议条款内指定的履行合同的负责人。

⑤ 社会监理是指甲方委托具备法定资格的工程建设监理单位对工程进行监理的人。

⑥ 总监理工程师是指工程建设监理单位委派的监理总负责人。

⑦ 设计单位是指甲方委托的具备与工程相应资质等级的设计单位。

三、合同中主要术语名称

1. 工程

工程是指为使建筑物、构筑物内外空间达到一定的环境质量要求，使用装饰装修材料，对建筑物、构筑物外表和内部进行修饰处理的工程。包括对旧建筑物及其设施表面的装饰处理。

2. 工程造价管理部门

各级建设行政主管部门或其授权的建设工程造价管理部门。

3. 工程质量监督部门

各级建设行政主管部门或其授权的建设工程质量监督机构。

4. 价款类名称

① 合同价款是甲、乙双方在协议条款内约定的，用以支付乙方按照合同要求完成全部工程内容的价款总额。招标工程的合同价款为中标价格。

② 追加合同款在施工中发生的，经甲方确认后按计算合同价款的方法增加的合同价款。

③ 预算是对工程执行过程预计的工程总价。

④ 结算是工程竣工报告批准后，乙方应按国家有关规定或协议条款规定向甲方代表提出的最终工程总价。

5. 时间类名称

① 工期是协议条款约定的，按总日历天数（包括一切法定节假日在内）计算的工期天数。

② 开工日期是协议条款约定的绝对或相对的工程开工日期。

③ 竣工日期是协议条款约定的绝对或相对的工程竣工日期。

6. 其他

① 图纸是由甲方提供或乙方提供经甲方代表批准，乙方用以施工的所有图纸（包括配套说明和有关资料）。

② 分段或分部工程是协议条款约定构成全部工程的任何分段或分部工程。

③ 施工场地是由甲方提供，并在协议条款内约定，供乙方施工、操作、运输、堆放材料的场地及乙方施工涉及的周围场地（包括一切通道）。

④ 施工设备和设施按协议条款约定，由甲方提供给乙方施工和管理使用的设备或设施。

⑤ 工程量清单是发包方在招标文件中提供的，按法定的工程量计算方法（规则）计算的全部工程的分部分项工程量明细清单。

⑥ 书面形式是根据合同发生的手写、打印、复写、印刷的各种通知、证明、证书、签证协议、备忘录、函件及经过确认的会议纪要、电报、电传等。

⑦ 不可抗力是指因战争、动乱、空中飞行物坠落或其他非甲乙方责任造成的爆炸、火灾以及协议条款约定的自然灾害等。

⑧ 保修是工程完工验收后，乙方按国家有关规定和协议条款约定的保修项目、内容、

范围、期限及保修金额和支付办法，进行工程修缮。

⑨ 违约是甲乙双方违反合同所规定的责任范围。

四、合同制定的依据

建筑装饰工程施工合同（甲种本）由两部分构成，第一部分是合同条件，第二部分是协议条款。

合同条件是根据《中华人民共和国民法典》和《建筑安装工程承包合同条例》，对建筑装饰工程承发包双方权利和义务做出的约定，除双方协商同意对其中的某些条款做出修改、补充或取消外，都必须严格履行。

协议条款是按合同条件的顺序拟定的，主要是为合同条件的修改、补充提供一个协议的格式。承发包双方针对工程的实际情况，把对合同条件的修改、补充和对某些条款不予采用的一致意见按协议条款的格式形成协议。合同条件和协议条款是双方统一意愿的体现，成为合同文件的组成部分。

采用招标发包的工程，合同条件应是招标文件的组成部分，发包方对其修改、补充或对某些条款不予采用的意见，要在招标文件中说明。承包方是否同意发包方的意见及自己对合同条件的修改、补充和对某些条款不予采用的意见，也要在标书中一一列出。中标后，双方将协商一致的意见写入协议条款。不采用招标发包的工程，在要约和承诺时都要把对合同条件的修改、补充和对某些条款不予采用的意见一一提出，将达成一致意见写入协议条款。

【案例导入】**** 办公空间设计——设计项目合同文本

室内装饰工程设计合同

工 程 名 称：内蒙古****** 有限责任公司室内装修设计

工 程 地 点：内蒙古呼和浩特******************

合 同 编 号：****-****-**********

发 包 人：内蒙古********* 有限责任公司

设 计 人：内蒙古**** 建筑装饰设计有限公司

签 订 日 期：**** 年 ** 月 ** 日

印制

发　　包　　人：内蒙古*************有限责任公司

设　　计　　人：内蒙古************建筑装饰设计有限公司

发包人委托设计人承担：内蒙古*************有限责任公司室内装修设计工程设计，经双方协商一致，签订本合同。

第一条　本合同依据下列文件签订：

1.1《中华人民共和国民法典》《中华人民共和国建筑法》《建设工程勘察设计市场管理规定》。

1.2 国家及地方有关建设工程勘察设计管理法规和规章。

1.3 建设工程批准文件。

第二条　本合同设计项目的内容：名称、规模、阶段、投资及设计费等见下表。

序号	分项目名称	建设规模		设计阶段及内容			估算总投资 / 万元	设计费单价 /（元 / 平方米）	设计费 / 元
		层数	平方米	方案	初步设计	施工图			
1	室内 10 层装修设计	10	1100	√	—	√		**	*****
合计									*****
说明	包含内容	1. 室内 10 层的装修方案设计； 2. 装修施工图及与装修相关的强电末端点位施工图设计							
	不包含内容	1. 弱电智能化系统（如一卡通、安防监控、智能会议、信息发布、入口控制、楼宇自控、有线视频等弱电系统）； 2. 空调新风系统、消防、给排水系统、防排烟系统的综合布置设计							

第三条　发包人应向设计人提交的有关资料及文件见下表。

序号	资料及文件名称	份数	提交日期	有关事宜
1	设计任务书	1	*****	发包人提供资料以不影响设计人进度为原则
2	全套施工图	1	*****	
3	施工图电子文件	1	*****	

第四条　设计人应向发包人交付的设计资料及文件见下表。

序号	资料及文件名称	份数	提交日期	有关事宜
1	室内装修方案设计效果图	1	*****	*****
2	室内装修施工图	1	*****	

第五条　本合同设计费总额为******元，开增值税专用发票，甲方需另支付百分之三的税费*****元，共计*****元。

大写：********整人民币。设计费支付进度详见下表。

付费次序	占总设计费	付费额 / 元	付费时间（由交付设计文件所决定）
第一次付款	30%	*****	签订合同 2 日内
第二次付款	40%	*****	效果图方案确认后
第三次付款	30%	*****	提交全部施工图纸前
合计	100%	*****	

说明：设计人应当在发包人支付款项后向发包人提供等额的正规税务发票。

第六条　双方责任

6.1 发包人责任：

6.1.1 发包人按本合同第三条规定的内容，在规定的时间内向设计人提交资料及文件，并对其完整性、正确性及时限负责，发包人不得要求设计人违反国家有关标准进行设计。

发包人提交上述资料及文件超过规定期限10天以内，设计人按本合同第四条规定交付设计文件时间顺延；超过规定期限10天以上时，设计人员有权重新确定提交设计文件的时间。

6.1.2 发包人变更委托设计项目、规模、条件或因提交的资料错误，或所提交资料作较大修改，以致造成设计人设计需返工时，双方除需另行协商签订补充协议（或另订合同）、重新明确有关条款外，发包人应按设计人所耗工作量向设计人增付设计费。

在未签合同前发包人已同意，设计人为发包人所做的各项设计工作，应按收费标准，相应支付设计费。

6.1.3 发包人要求设计人比合同规定时间提前交付设计资料及文件时，如果设计人能够做到，发包人应根据设计人提前投入的工作量，向设计人支付赶工费。

6.1.4 发包人应为派赴现场处理有关设计问题的工作人员，提供必要的工作、生活及交通等方便条件。

6.1.5 发包人应保护设计人的投标书、设计方案、文件、资料图纸、数据、计算软件和专利技术。未经设计人同意，发包人对设计人交付的设计资料及文件不得擅自修改、复制或向第三人转让或用于本合同外的项目，如发生以上情况，发包人应负法律责任，设计人有权向发包人提出索赔。

6.2 设计人责任：

6.2.1 设计人应按国家技术规范、标准、规程及发包人提出的设计要求，进行工程设计，按合同规定的进度要求提交质量合格的设计资料，并对其负责。

6.2.2设计人采用的主要技术标准是：

国家现行建筑装饰设计规范、标准。

6.2.3设计人按本合同第二条和第四条规定的内容、进度及份数向发包人交付资料及文件。

6.2.4设计人交付设计资料及文件后，按规定参加有关的设计审查，并根据审查结论负责对不超出原定范围的内容做必要调整补充。设计人按合同规定时限交付设计资料及文件，负责向发包人及施工单位进行设计交底、处理有关设计问题。现场解决问题不超过两次，两次以上现场服务应按所需工作量向发包人收取咨询服务费，收费额由双方商定。

6.2.5设计人应保护发包人的知识产权，不得向第三人泄露、转让发包人提交的产品图纸等技术经济资料。如发生以上情况并给发包人造成经济损失，发包人有权向设计人索赔。

第七条　违约责任

7.1在合同履行期间，发包人因非设计人原因要求终止或解除合同，设计人未开始设计工作的，不退还发包人已付的定金；已开始设计工作的，发包人应根据设计人已进行的实际工作量，不足一半时，按该阶段设计费的一半支付；超过一半时，按该阶段设计费的全部支付。

7.2发包人应按本合同第五条规定的金额和时间向设计人支付设计费，每逾期支付一天，应承担支付金额千分之二的逾期违约金。逾期超过30天以上时，设计人有权暂停履行下阶段工作，并书面通知发包人。发包人的上级或设计审批部门对设计文件不审批或本合同项目停缓建，发包人均按7.1条规定支付设计费。

7.3设计人对设计资料及文件出现的遗漏或错误负责修改或补充。由于设计人员错误造成工程质量事故损失，设计人除负责采取补救措施外，应免收直接受损失部分的设计费。损失严重的根据损失的程度和设计人责任大小向发包人支付赔偿金，赔偿金双方商定。

7.4由于设计人自身原因，延误了按本合同第四条规定的设计资料及设计文件的交付时间，每延误一天，应减收该项目应收设计费的千分之二。

7.5合同生效后，设计人单方面要求终止或解除合同，设计人除应双倍返还定金外，还应支付发包人合同总额的10%作为违约赔偿金。

第八条　其他

8.1发包人要求设计人派专人留驻施工现场进行配合与解决有关问题时，双方应另行签订补充协议或技术咨询服务合同。

8.2设计人为本合同项目所采用的国家或地方标准图，由发包人自费向有关出版部门购买。本合同第四条规定设计人交付的设计资料及文件份数超过《工程勘察设计收费标准》规定的份数，设计人另收工本费。

8.3本工程设计资料及文件中，装饰材料、装饰构造和设备，应当注明其规格、型号、性能等技术指标。发包人需要设计人的设计人员配合加工订货时，所需要费用由发包人承担。

8.4发包人委托设计人承担本合同内容之外的工作服务，另行支付费用。

8.5由于不可抗力因素致使合同无法履行时，双方应及时协商解决。

8.6本合同发生争议，双方当事人应及时协商解决。也可由当地建设行政主管部门调解，调解不成时，可向项目所在地法院起诉。

8.7本合同一式 叁 份，发包人 贰 份，设计人 壹 份。

8.8本合同经双方签章后生效。

8.9双方履行完合同规定的义务后，本合同即行终止。

8.10本合同未尽事宜，双方可签订补充协议，有关协议及双方认可的来往电报、传真、会议纪要等，均为本合同组成部分，与本合同具有同等法律效力。

8.11其他约定事项：无。

（以下无正文）

发包人名称：
（盖章）

法定代表人：（签字）
委托代理人：（签字）

电　　话：13*********
开户银行：***********

银行账号：***********

设计人名称：
（盖章）

法定代表人：（签字）
委托代理人：（签字）

电　　话：13*********
开户银行：***********

银行账号：***********

单元二 项目勘察及测量

必备知识：计算知识、测量工具的使用、手绘图技巧、测量的方法。

职业技能：对室内空间长、宽、高的测量，测量前快速地绘制现场地平面图，对特殊建筑结构的变化进行文字说明或标注详图，为设计图的设计提供准确尺寸依据。

工作步骤：快速地绘制现场平面图，测量每个室内空间的长、宽、高，测量梁柱的位置、高度和宽度，标明门、窗、空调风口、暖气片、烟火报警器、自动喷淋的位置或尺寸，对特殊结构测量尺寸，并作手绘详图（另：对现场进行全方位的拍照记录）。

一、项目勘察的意义

在招标（或者合同）文件中，招标人通常提供建筑平面图，标注主要的空间尺寸，但也有少数不提供平面图和空间数据。由于图纸的尺寸通常与实地空间存在误差，这就需要投标的项目负责人或主设计师亲自到建筑空间现场勘测。另外，建筑的附属设施，如暖气管道、给排水管道、空调风口等设施的位置与尺寸，不可能在建筑图纸上详尽标注。因此，现场的实地勘测，为设计师获取真实的、客观的空间尺寸数据提供依据。现场测量时通常（甲方）招标人会给投标人（乙方）提供与设计相关的信息和室内功能的要求，或提供项目任务清单，并解答投标人提出的疑问，便于设计方案尽可能地符合招标人的（甲方）意图。

二、项目勘察的方式

1.卷尺测量

采用适宜的卷尺，通常是两人以上分工协助测量，即一人固定起点，另一人测量末端点数据，并读报数据，而第三人负责在绘制的图上记录数据、复核测量数据。测量时，定位要准，钢卷尺要拉直、拉平，不卷曲，不倾斜，用力要均匀。如果实地尺寸超出卷尺尺寸时，可分段测量，建议先量整数并相加，最后量余数。测量高度时，一人可独立完成，即卷尺垂直定位到最高点时，迅速用左手按住卷尺固定，以防移位，并用膝盖弯曲卷尺作支撑点，右手继续拉尺，直至到地面末端处，俯身并读报测量数据。卷尺测量，目前是最常规的方法之一，测量的数据相对准确（图2-1）。

图2-1　卷尺

2. 激光测距仪

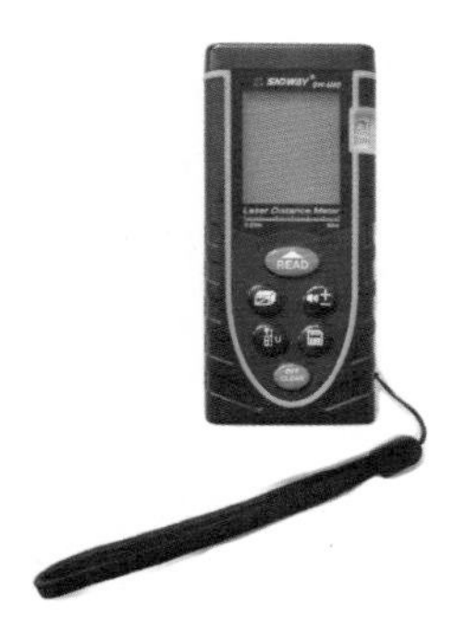

图2-2　激光测距仪

该仪器测量结果精度高，遥测建筑物的长、宽、高时，其测量的精度可以达到mm。测距仪具有内置式光学瞄准器，手持激光测距仪测量时可见红色激光，可通过直接按键，快捷、可靠地进行加减及面积和体积的计算。即使目标位于难以接近的部位，也能看见目标定位点，可以极准确地瞄准测定目标。该仪器的特点是，体积小，方便手持携带，只需一人即可完成测量工作。其测量的有效距离，最短的为0.2mm，最长的为200m，是目前使用最便捷、最准确的测量工具之一（图2-2）。

三、项目测量的步骤

① 到达拟装修的空间现场后，先熟悉空间结构，目测空间的大小或依据已铺设地砖规格，粗略计算出长、宽尺寸。

② 用黑色中性笔（0.5mm）勾勒空间的长、宽格局，长、宽比例相对正确，标注出门、门洞、窗、梁、柱、消防等位置。

③ 用钢卷尺或激光测距仪现场测量，并在所绘草图上标注所测尺寸。

④ 建筑结构的梁、窗测量，可用简易法标注。例如，LH450，表示梁高450；CW1600、CH1750、LD900，表示窗宽1600mm、窗高1750mm、窗台距离地面900mm。

⑤ 测量的顺序，依据从左到右、从下到上、先大后小、从主到次的原则。

项目空间测量记录见图2-3。

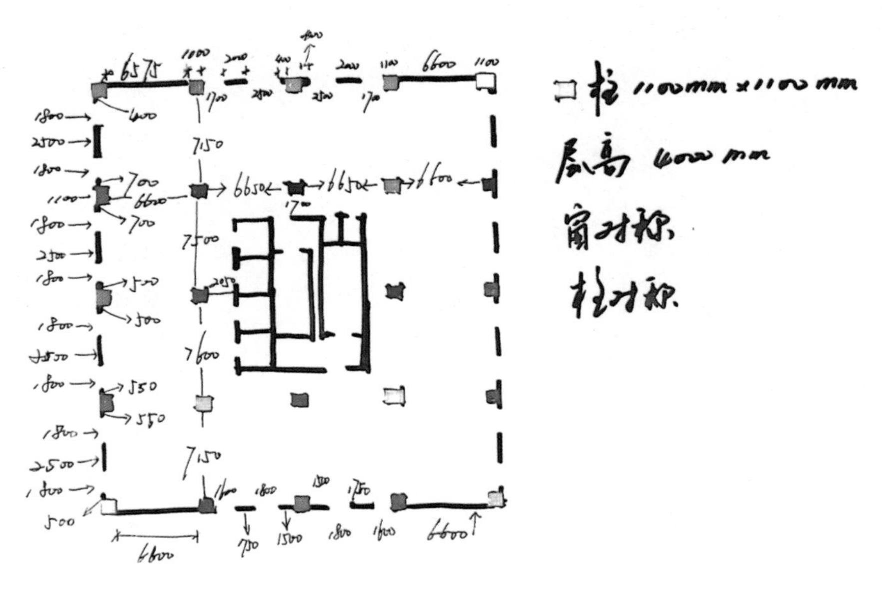

图2-3　项目空间测量记录

四、测量的内容及注意事项

（1）定量测量　主要测量建筑空间的长与宽，计算出每个房间的面积。

（2）定位测量　主要标明门、窗、空调风口、暖气片等的位置。

（3）高度测量　主要测量房间的高度，特别是梁底到地面的高度。

（4）梁柱测量　主要测量梁柱的位置高度和宽度。

（5）设施测量　强弱电、给排水管、暖气片、空调风口、烟火报警器、自动喷淋等建筑附属设施的位置与规格。

以招标人（甲方）提供的建筑图纸为参考，以实际现场勘测为依据。因为提供的图纸尺寸是设计施工的理论尺寸，在实际施工过程中常常会产生误差，这就要求亲临现场勘测空间数据。重视室内建筑的附属设施，如空调风口、柱角、水电设施、信息设施、过梁的位置与尺寸。特别是在天花板设计时，如果忽略过梁的位置，在实际施工时将无法实现设计预想，甚至需要重新设计；柱角的位置忽略时，界面的造型将受到影响；水电位置没量准，洁具将无法匹配到合适位置。

养成多次复核的测量习惯。现场测量时，遗漏、疏忽甚至尺寸有误差是常发生的事情。因此，严谨、细致的测量方式是获取真实数据的重要条件。现场测量后，要多次复核，发现遗漏或尺寸有误要及时补测并纠正。

【案例导入】**** 办公空间设计——现场勘测部分

**** 办公空间现场勘测照片见图2-4。

图2-4 **** 办公空间现场勘测照片

单元三

项目分析

一、项目空间整体分析

必备知识：项目综合分析的能力、手绘草图、CAD制图软件的运用。

职业技能：实地勘测后利用CAD绘制完成准确项目原始图纸，满足深化设计要求，汇总甲方提出的要求。

工作步骤：实地勘测、记录数据、对现场场景拍照录像（尤其较为复杂的空间结构）、绘制项目原始尺寸图。

【案例导入】****办公空间设计——项目空间分析部分

1.测绘成图

将现场勘察、测量得到的信息、数据，整理成正式图。要求比例准确，尺寸和标注全面。在整理成图的重点内容，如各类管道和设备等隐蔽工程的位置、建筑特殊结构等信息，需要用文字标注在测量尺寸图上，作为设计预备资料，如图2-5所示。此项工作将成为设计工作中的重要依据。整理后用CAD制图，如图2-6所示。

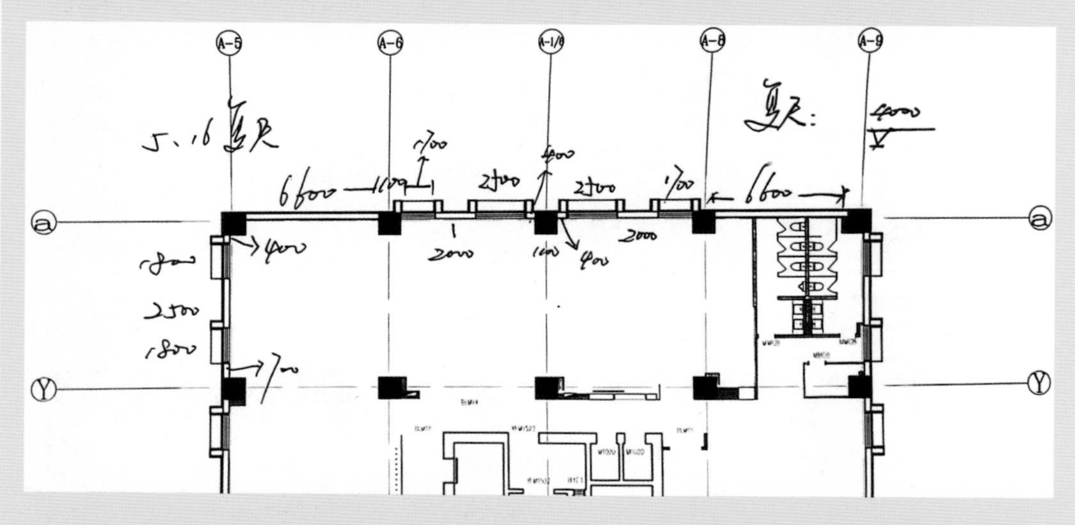

图2-5 项目现场测量（复尺）局部记录

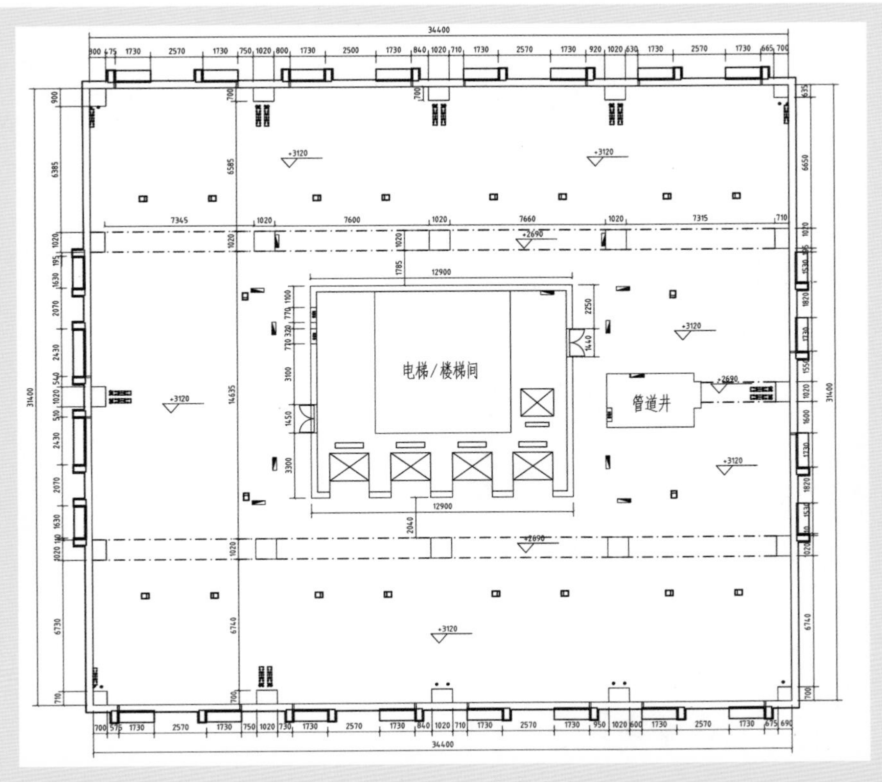

图2-6　整理后的项目CAD图纸

2.总结甲方需求

仔细阅读标书（任务书）后总结重点，并及时与甲方交流获取详细信息，针对甲方需求补充说明标书具体内容，并运用列表的方式为设计提供具体要求。甲方对空间设计的要求见表2-1。

表2-1　甲方对空间设计的要求

项目名称	10层办公区室内设计工程
总体要求	（1）空间整体风格：现代、时尚、极简。 （2）整体空间需要容纳两家公司，管理分层，资源共享
门厅	两家公司入口分开设计，单独管理
员工区	每个工位需配置储藏柜
会议室、多功能室	共享

3.办公空间设计组成

办公空间的设计一定要体现公司的独特文化。统一设计企业文化与经营理念，利用整体表达体系（尤其是视觉表达系统）传达给企业内部与公众，使其对企业产生一

图2-7　办公空间的功能意向图

致的认同感，形成良好的企业印象，最终促进企业产品和服务的销售。公司标志和有特色的色彩搭配是一个公司传递给生意伙伴的第一张“名片”。企业可通过整体形象设计，尤其是在装修风格上，将公司的产品、服务和服务对象考虑进每一个细节，在设计中融入公司文化的精华，调动企业每个职员的积极性和归属感、认同感，使各职能部门能各司其职、有效合作。

4.办公空间基本划分

（1）办公空间按照布局形式划分　从办公室的布局形式来看，主要分为独立式办公室、开放式办公室和智能办公室三大类。

（2）办公空间按照使用功能划分　从办公空间使用功能的不同性质划分，可分为门厅、接待室、工作室、管理人员办公室、会议室、高级主管人员办公室、设备与资料室、通道等几大类（图2-7）。

二、项目空间功能优化

【案例导入】**** 办公空间设计——空间创意分析部分

项目地点：呼和浩特新城区　　　　项目面积：1100m²

主案设计：张琦　蔺武强

设计团队被要求在设计中反映青年人的文化特征，并创建一个内部有助于区分总部与分公司并存的办公空间环境。整个空间在设计语言表达方式上，设计师以简洁的白色直线形态作为空间的主导元素，以游动、穿透、回旋与韵律作为空间的主题，白色天花造型以其简约的线条和充满未来感的设计语言勾勒出既富有节奏又兼具人文感和科技感的共享立体空间。

设计师要考虑的问题不仅仅是形式、空间或形象，更重要的是体验。富有生命而灵动自然的空间，仿如吹来的阵阵清风，无形中感受置身其中的舒适，这便是一种全新的办公体验。

空间设计需要满足以下要求：

（1）优化员工的办公工位的大小，有效增加员工储物空间。

（2）增强公共卫生间的舒适度。

（3）增设茶水间，增强员工办公空间的舒适性。

（4）考虑办公空间的光源，保证办公环境的光环境。

（5）功能上满足总分公司分开办公，便于管理的诉求。

平面布置设计方案草图：

该办公空间室内设计所涉及的内容是：门厅、等候区、开放办公区、领导办公区、洽谈区、会议室、财务室、文印区、卫生间等。那么在图式表达中我们应从整体与局部草图着手，我们可以把整个空间面积看作是一个整体来设计，同时室内各部分主要空间要画出相应的草图，另外对设计中的相对重要的局部或家具等内容勾勒草图（图2-8、图2-9）。

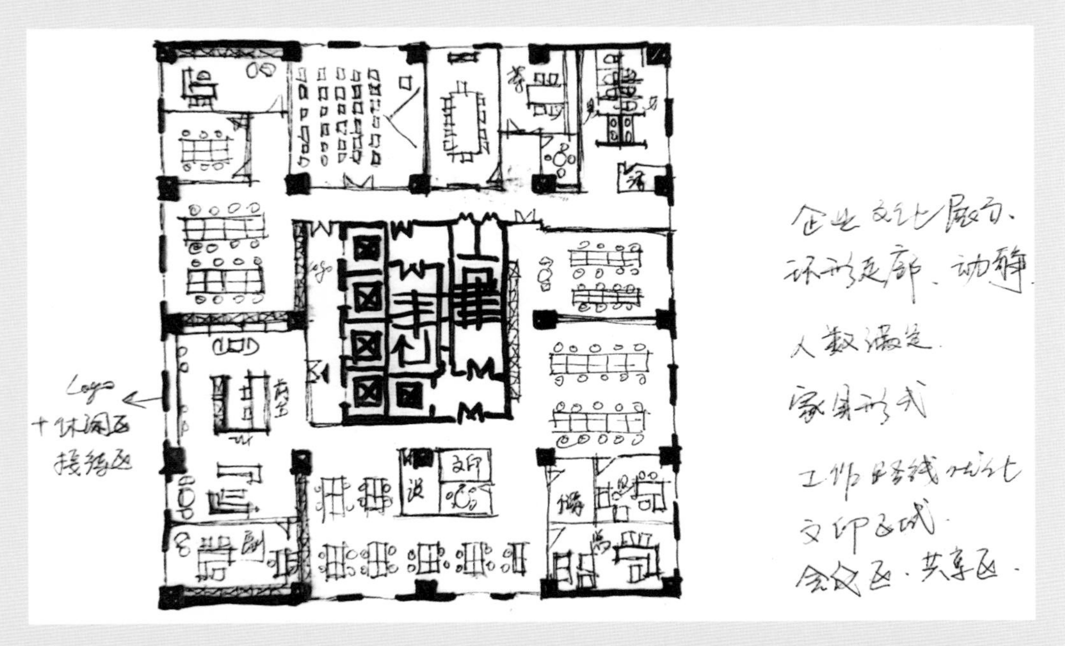

图2-8　平面布置方案草图

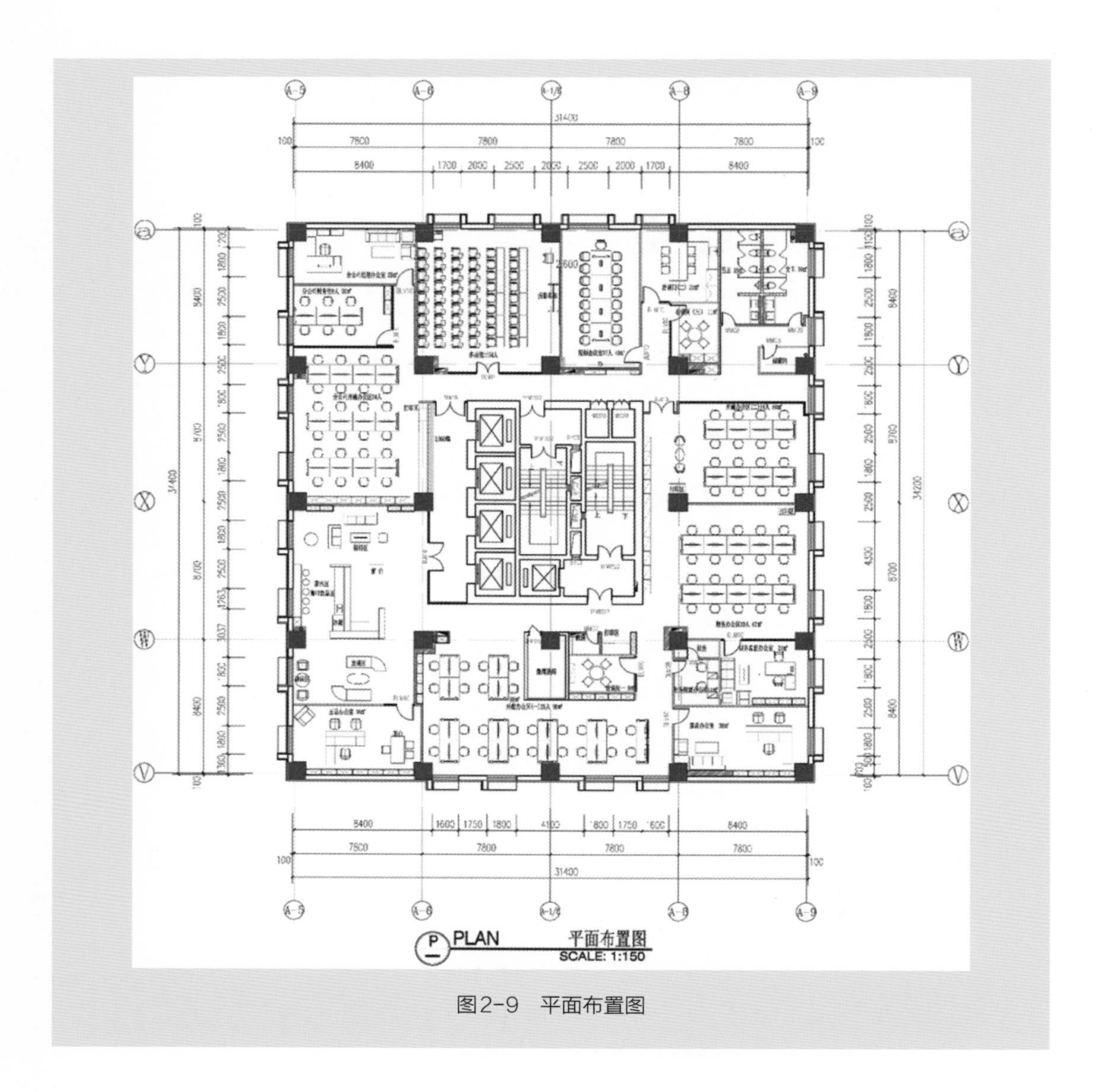

图2-9　平面布置图

单元四

项目表达

必备知识： 手绘效果图，3DS Max、草图大师、D5及VR渲染等软件的运用。

职业技能： 理解设计方案，通过平面、立面、节点的推敲完成效果图表达，满足设计意图。

工作步骤： 完成各空间的设计方案表达（效果图）。

一、概念设计表达

在室内设计中设计师主要是通过绘图来表达设计的意图，这是设计从形象思维到具象图示表达的过程。概念设计表达就是要表现室内设计思想和设计概念，采用手绘草图的形式。手绘草图是设计师从大脑中呈现到图纸上的最直接、最有效、最快捷的表现手段。其中包括室内空间设计的整体方案草图和局部方案草图。这一环节是很重要的，也是必不可少的。当我们拿到一个设计命题时，首先要做的是通过大脑思维分析从而形成设计方案，然后用草图勾勒出具体形态，接着对设计的空间创意做进一步的分析，找出设计中的创意特点和需要完善的部分。不同的设计内容有着不同的概念设计要求。在室内设计中包括两个基本内容，即住宅室内设计和公共空间室内设计。概念设计表达见图2-10～图2-15。

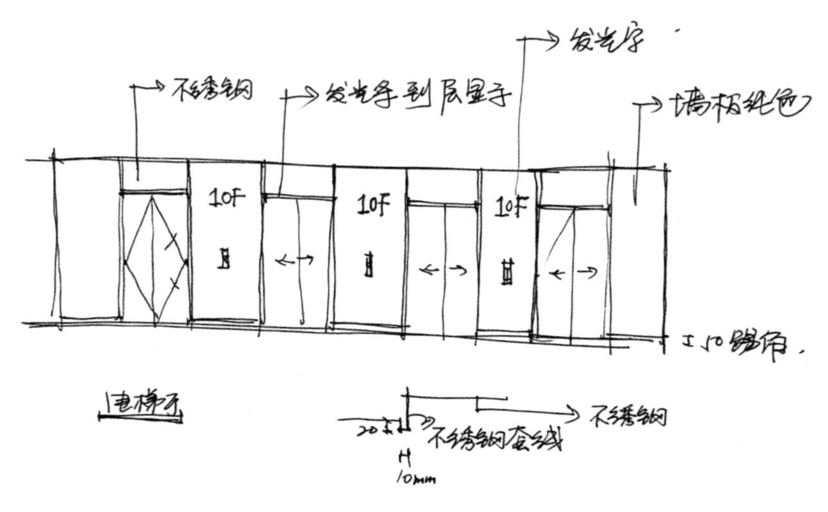

图2-10　电梯间概念方案草图

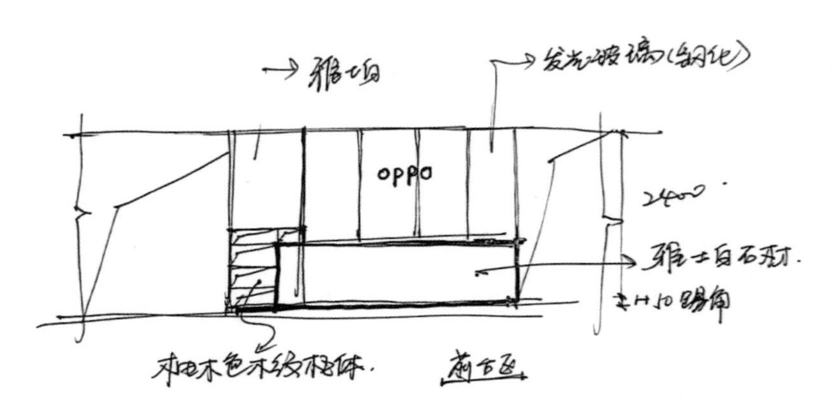

图2-11　前台概念方案草图

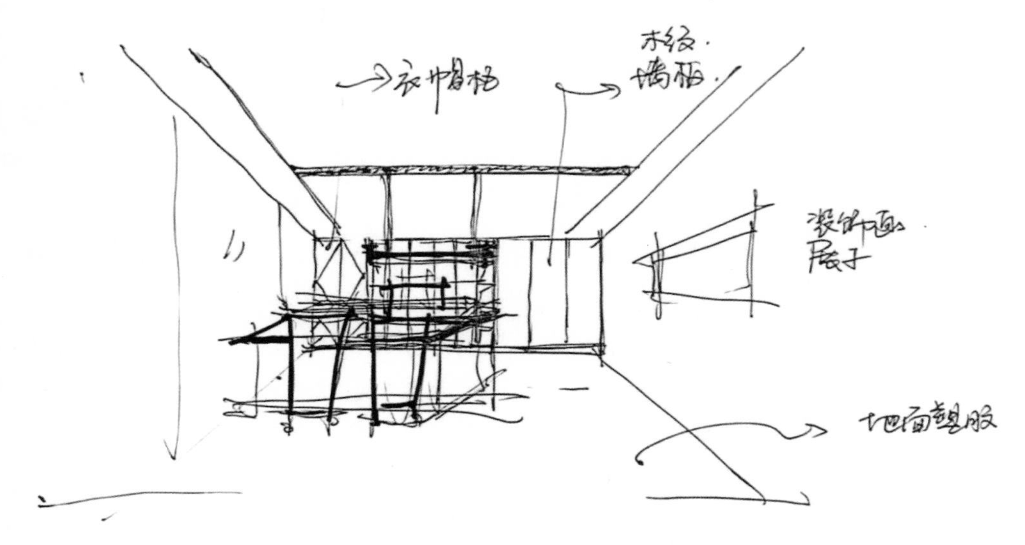

图2-12　总经理办公室概念方案草图

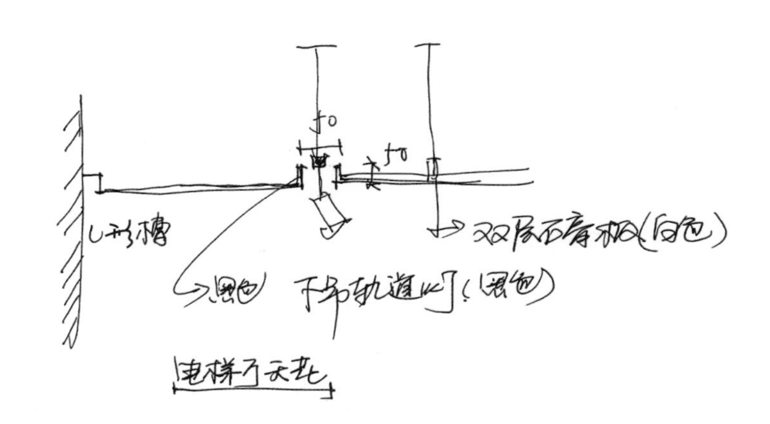

图2-13　电梯厅天花方案草图

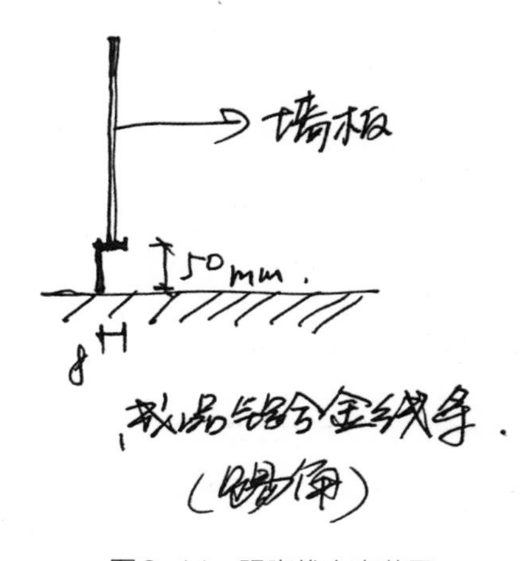

图2-14　踢脚线方案草图

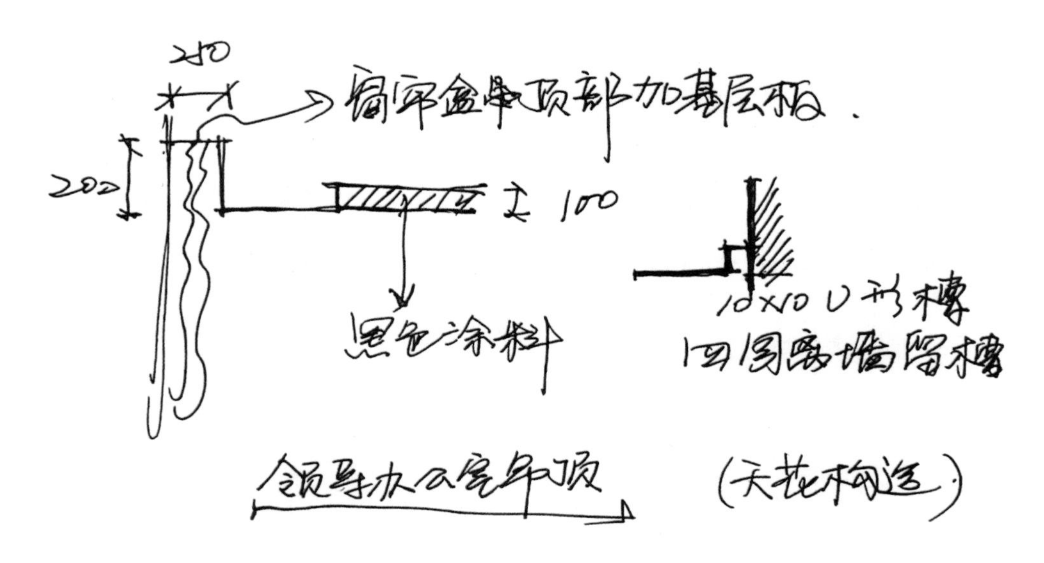

图2-15　天花构造概念方案草图

二、方案设计表达

设计方案的构思确定以后，要通过表现力强、具有直观性的设计图把信息传递出来。这就是室内设计表现图，它有利于表达设计方案，进而研究、调整设计方案，最终形成可实施的设计方案。室内设计表现图从方法上采用手绘表现或电脑制作表现，在形式上用文案或合成版面，同时可配合电子文件演示，辅助方案设计的表达（图2-16～图2-30）。

图2-16　方案汇报文件封面

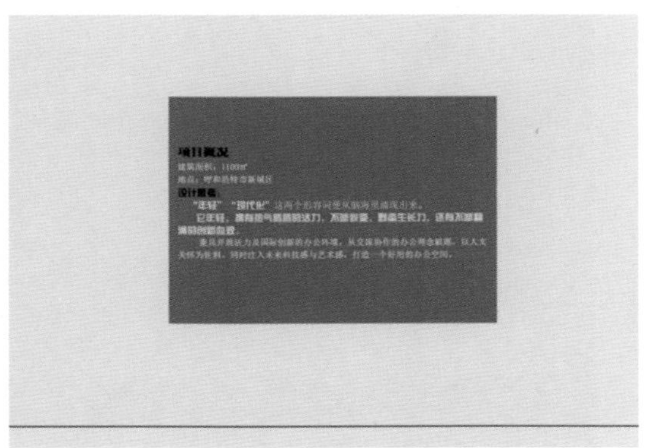

图2-17　设计说明

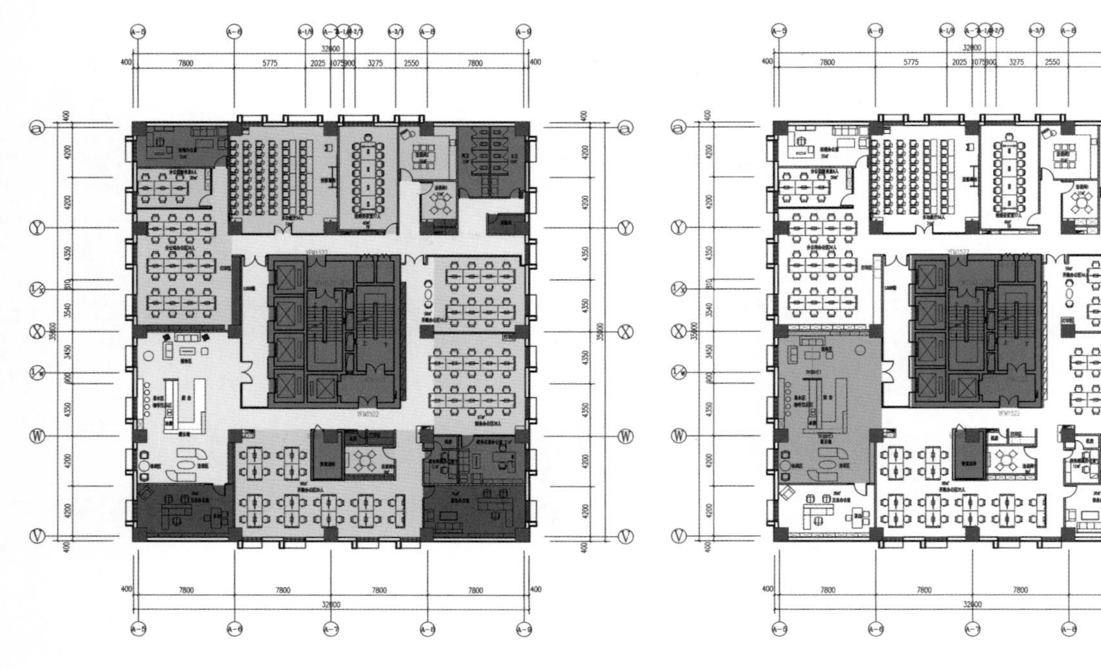

图2-18　平面布置图

图2-19　前厅平面布置图

图2-20　电梯间效果图

图2-21　走廊效果图

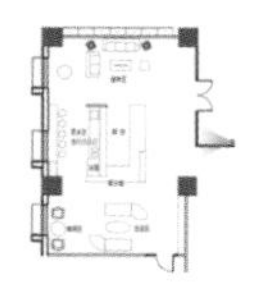

图2-22　前厅（接待处）效果图

图2-23　前厅洽谈区效果图

图2-24　开敞办公区效果图

图2-25　视频会议室效果图

图2-26　多功能厅效果图

图2-27　领导办公室一效果图

图2-28　领导办公室二效果图

图2-29　财务总监办公室效果图

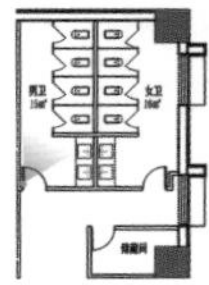

图2-30 公共卫生间效果图

三、施工图设计表达

任务目的： 修正、深化设计方案，满足工程施工要求。

必备知识： 理解方案设计，会手绘草图，会用CAD制图软件。

任务描述： 理解设计方案，完成平、立、剖三视图的深化方案，满足工程施工要求，并符合国家制图标准及行业规范，能很好地表达设计意图。

工作步骤： 读懂设计方案图，然后完成平面图、立面图、剖面图、节点详图。

工程施工图是设计方案的深化，为确保工程顺利完成的必要条件，也是准确反映甲方要求和确保乙方完成施工任务的重要依据。

1. 方案设计的确认

设计方案经过甲乙双方的反复交流和修改，最终满足甲方的需求，并由甲方签字确认，方可进入施工图的设计和绘制阶段。如果方案确认后，在不影响大结构的调整和施工的进程时，经由甲乙双方协商也可进行局部修改调整施工图，并签字确认后再进行施工。

在施工进程中，可能会出现一些不可预见的现场情况，主要指建筑的隐蔽结构给施工带来的难度，不符合施工条件或技术要求等，可以由乙方向甲方提出在不影响整体效果的情况下修改部分设计的内容，得到甲方确认后方可实施。

2.制图规范及要求

制图是满足室内设计和工程施工要求的技术性工作，借助绘图工具和仪器掌握正确的使用方法才能保证制图的质量。同时施工图也要使用规范性的名称。

施工图的内容：施工图包括平面图、立面图、剖面图、详图等。平面图包括总平面布局图、局部平面图、天花平面图、地面铺装图。立面图包括立面布局图、立面铺装图、立面展开图。剖面图包括剖立面图、局部剖面图。详图包括节点图、局部或细部图。

根据施工的需要同时配有一些装修材料做法表。另外，还有一些隐蔽性工程图，包括建筑施工图、结构施工图、给排水施工图、采暖通风空气调节工程图、电气工程图、弱电工程图、动力工程图、消防工程图等。

在设计方案确定之后实施设计，为施工现场提供依据，要作详细的施工图。由于表现的对象不同，因此，装饰施工图较之建筑施工图在表达上略有不同，这主要是由于室内装饰材料更丰富、层次更多、内容较复杂。比如，尺寸标注，在建筑施工图中的标注采用中到中即可，而装饰施工图就要按实际的尺寸标注（图2-31 ～图2-33）。

空间全套图纸

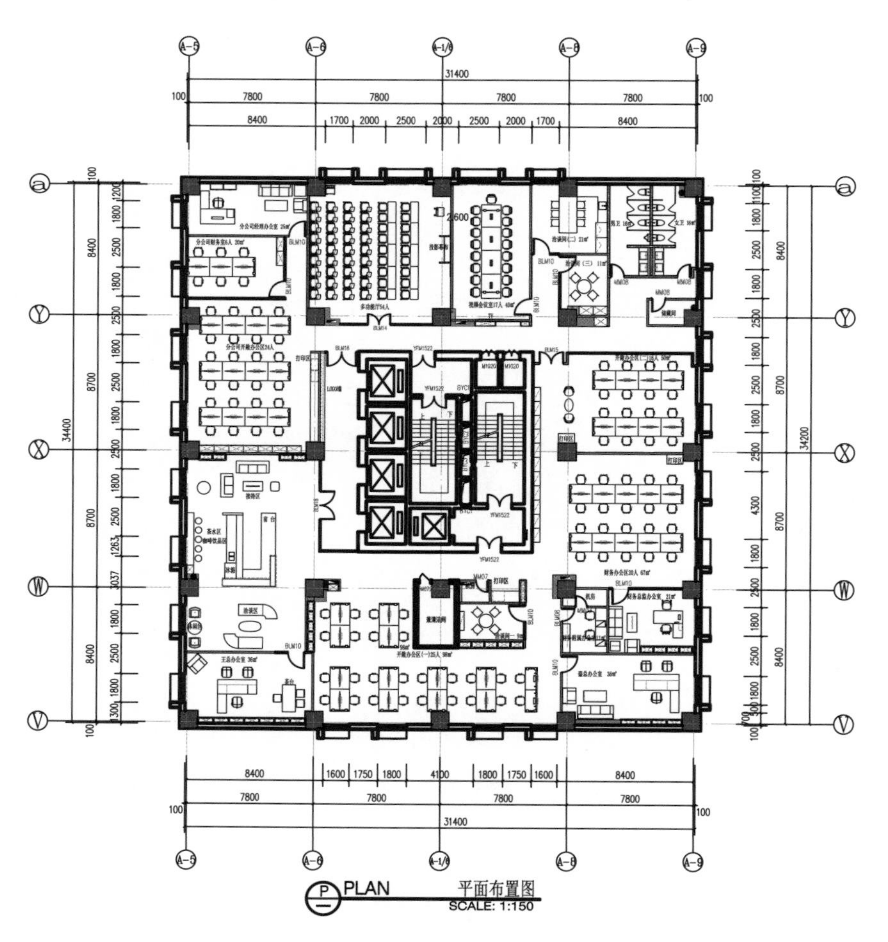

图2-31　平面布置图

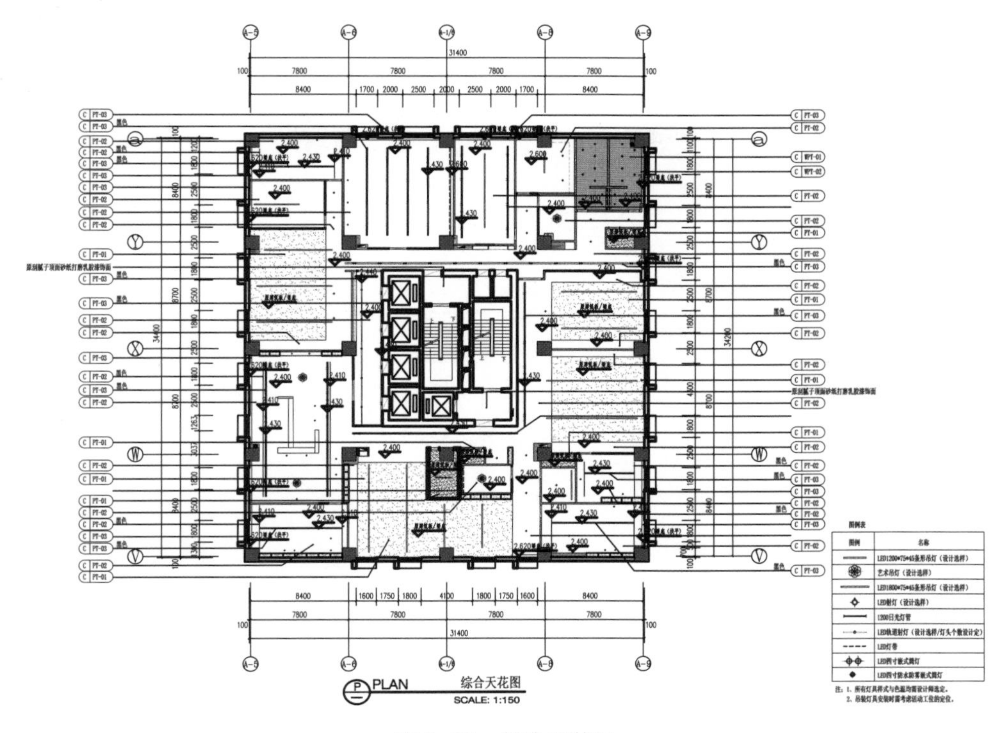

图2-32　综合天花图

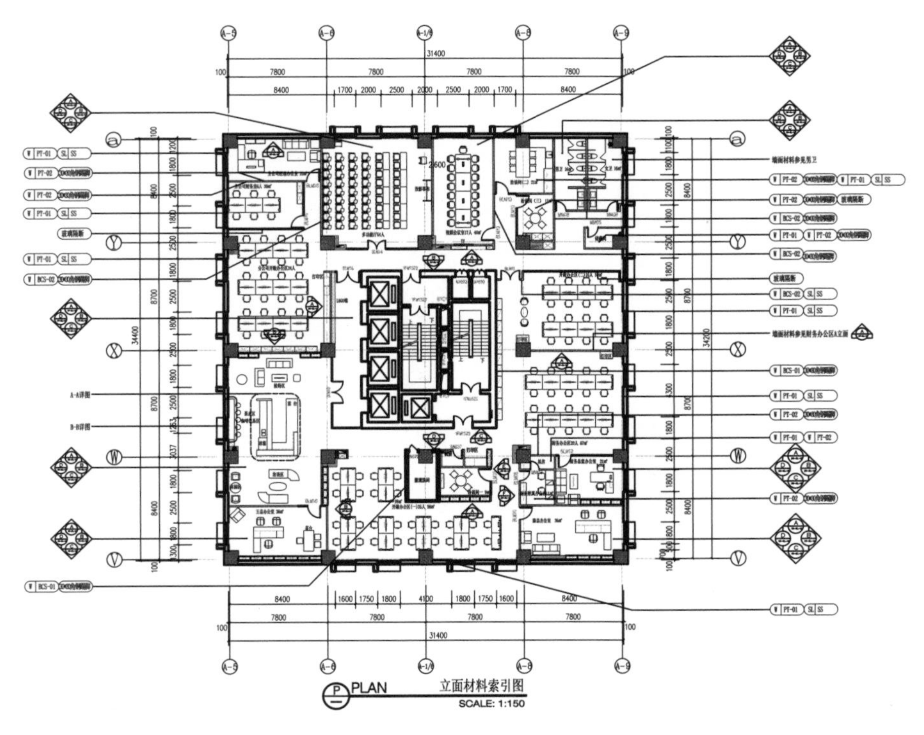

图2-33　立面材料索引图

四、项目概预算及材料

项目概预算及材料单

本项目预算见表2-2。

表2-2　装饰设计工程预算

装饰设计工程预算单						
工程名称：内蒙古 **** 科技有限责任公司办公楼室内装饰工程						
序号	项目名称	单位	工程量	综合单价	合计	施工做法及说明
一	装饰工程					
1	新建工程					
（1）	新建墙体	m^2	238.32	170.00	40515.00	75系列轻钢龙骨，双层双面9.5mm厚石膏板饰面，满塞岩棉
（2）	新建墙体	m^2	20.43	150.00	3063.75	75系列轻钢龙骨，一侧双层9.5mm厚石膏板饰面，一侧水泥纤维板，满塞岩棉
（3）	新建墙体	m^2	42.05	125.00	5256.56	75系列轻钢龙骨，双面水泥纤维板，满塞岩棉
（4）	新建墙体	m^2	73.54	165.00	12133.85	75系列轻钢龙骨，一侧双层9.5mm厚石膏板饰面，一侧9mm奥松板刷防火涂料3遍，满塞岩棉
……						
2	分公司经理办公室					
（1）	石膏板造型顶	m^2	24.21	95.00	2300.33	50系列轻钢龙骨、单层9.5mm石膏板饰面
（2）	窗帘盒	m	2.63	70.00	184.10	30×40木龙骨刷防火涂料3遍、18mm厚细木工板基层刷防火涂料3遍、单层9.5mm石膏板饰面
（3）	顶面乳胶漆	m^2	27.21	35.00	952.35	腻子粉3遍、砂光磨退、乳胶漆3遍
（4）	条形吊灯	套	1.00	265.00	265.00	LED1800×75×45条形吊灯
……						
五	措施费					
（1）	安全措施费	m^2	1100.00	6.00	6600.00	脚手架的租赁、运输及搭拆
（2）	材料上楼费	m^2	1100.00	6.00	6600.00	材料搬运到指定施工地点
（3）	垃圾清运费	m^2	1100.00	6.00	6600.00	垃圾清运到物业指定地点（不含垃圾外运）
（4）	完工清理费	m^2	1100.00	5.00	5500.00	施工完成后家政清扫现场

续表

序号	项目名称	单位	工程量	综合单价	合计	施工做法及说明
六	费用合计					
A	直接费合计				693079.65	
B	其他费用合计				25300.00	
C	管理费 8%				57470.37	现场管理费、后台采购人员工资、通信及交通费、公司其他管理费用等
D	税金				69826.50	9.00%
E	工程总造价				845676.52	A+B+C+D
七	说明					
（1）现场管理费含全面环保处理达国家标准、现场管理人员工资、住宿、通信及交通费、现场安全文明施工费等公司其他管理费用等； （2）以上报价不含消防、空调、采暖等专业工程施工，如有需要后期根据现场实际情况按增项另计； （3）以上电气改造报价不含主电缆、配电箱的施工，仅为室内线路改造，如有需要后期根据现场实际情况按增项另计； （4）以上报价不含家具、柜体、洁具、广告类等采购，如有需要后期根据现实际情况按增项另计； （5）以上施工项目按提供的综合单价及实际发生量结算，本报价工程量如有增减，均须经双方填写项目变更单，并办理增减款手续后方可确认施工项目变更						

单元五 项目现场服务

一、项目现场交底

任务目的： 修正、深化设计方案，满足工程施工要求。

必备知识： 理解方案设计的能力，手绘草图、CAD 制图软件。

职业技能： 理解设计方案，完成平、立、剖三视图的深化方案，满足工程施工要求，并符合国家制图标准及行业规范，能很好地表达设计意图。

工作步骤： 读懂设计方案图，然后完成平面图、立面图、剖面图，节点详图。

1. 设计交底的概述

设计交底，即由建设单位组织施工总承包单位、监理单位参加，由勘察、设计单位对施工图纸内容进行交底的一项技术活动，或由施工总承包单位组织分包单位、劳务班组，由总承包单位对施工图纸内容进行交底的一项技术活动。它是指在施工图完成并经审查合格后，设计单位在设计文件交付施工时，按法律规定的义务就施工图设计文件向施工单位和监理单位作出详细的说明。其目的是使施工单位和监理单位正确贯彻设计意图，加深对设计文件特点、难点、疑点的理解，掌握关键工程部位的质量要求，确保工程质量。

2. 设计交底的内容

（1）设计图纸交底　设计图纸交底是在建设单位主持下，由设计单位向各施工单位（施工单位与各设备专业施工单位）、监理单位以及建设单位进行的交底，主要交代空间设计的功能与特点、设计意图与施工过程控制要求等（图2-34）。

图2-34　设计图纸交底

设计图纸交底包括：

① 施工现场的基础条件等；

② 设计主导思想、装修要求与构思，使用的规范；

③ 对施工工艺的要求；

④ 对材料的要求，以及使用新材料、新技术、新工艺的要求；

⑤ 施工中应特别注意的事项等；

⑥ 设计单位对监理单位和承包单位提出的施工图纸中的问题的答复。

（2）施工设计交底

① 施工范围、工程量、工作量和实验方法要求；

② 施工图纸的解说；

③ 施工方案措施；

④ 工艺和保证质量安全的措施；

⑤ 工艺质量标准和验收办法；

⑥ 技术检验和检查验收要求；

⑦ 增产节约指标和措施；

⑧ 技术记录内容和要求；

⑨ 其他施工注意事项。

施工设计交底见图2-35。

施工设计交底程序见图2-36。

图2-35　施工设计交底

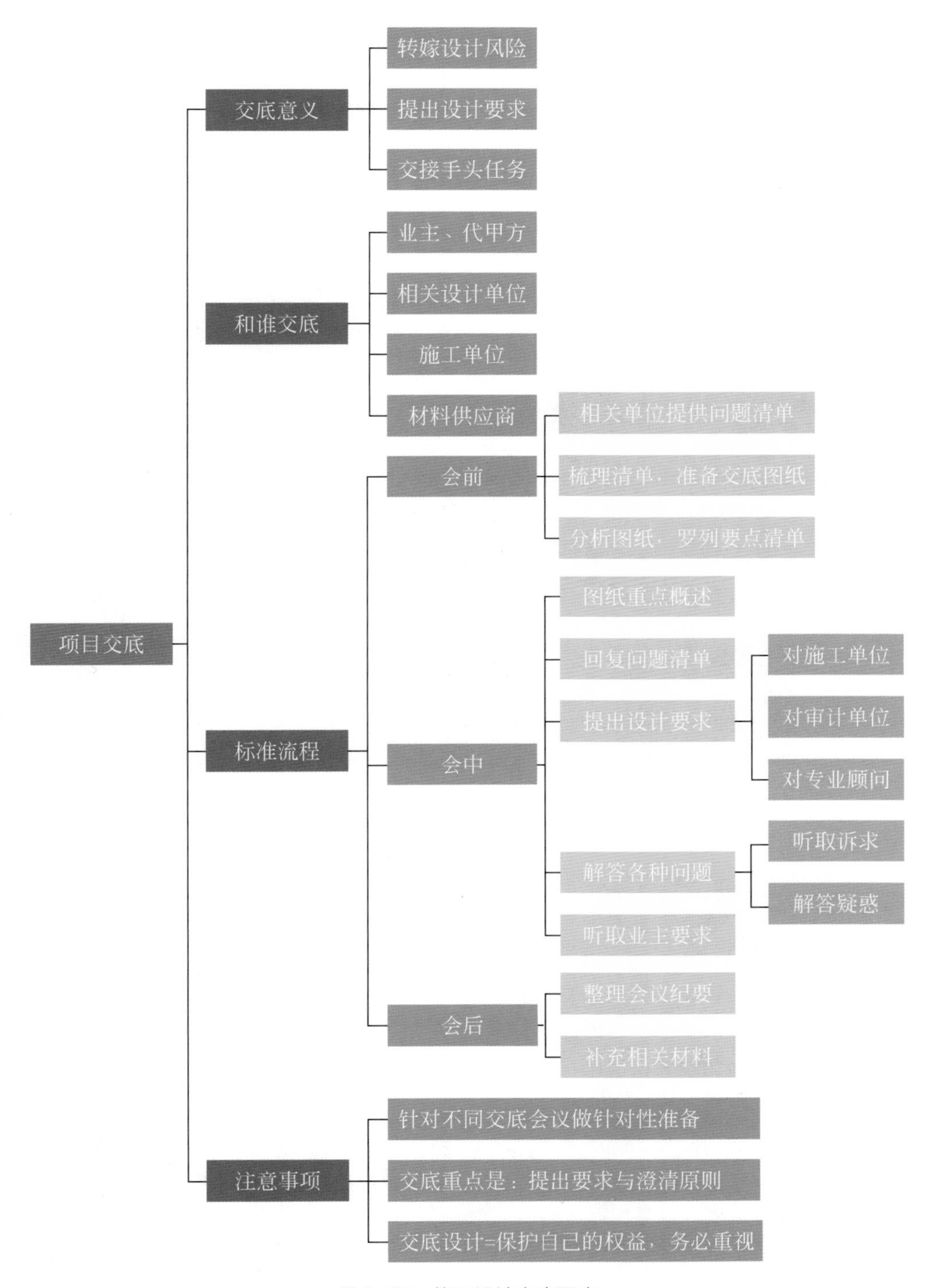

图2-36　施工设计交底程序

二、项目实施及监督

建筑装饰工程的施工内容主要有：楼（地）面装饰构造，墙（柱）面装饰构造，顶棚装饰构造，隔墙与隔断装饰构造，幕墙工程装饰构造，门窗装饰构造，楼梯、电梯装饰构造，等等。

图2-37 ～图2-42为该工程在实际施工过程中的照片。

图2-37　设计现场服务

图2-38　现场施工监督

图2-39　现场施工照片（一）

图2-40　现场施工照片（二）

图2-41　现场施工照片（三）

图2-42 现场施工照片（四）

（注：施工应该严格满足施工规范，具体施工规范查看相关资料。）

三、项目验收交付

1. 参与验收工作

积极参与工程施工单位和监理单位组织的技术质量验收，检查有关工程的技术资料、材料的合格证、各工种的施工质量，如发现存在问题，应及时督促进行修补处理，直至符合验收条件。

2. 交工验收的标准

① 工程项目按照装饰工程合同规定，符合设计图纸要求和内容，并已全部施工完毕，按国家高级质量验收标准，达到优质工程。

② 验收交工前，基础设施如水、电、暖及空调设备正常运转。

③ 工程场地达到清洁明净，室内布置洁净整齐。

④ 交工前，相关移交的技术档案资料应整理齐备。

3. 验收依据

① 工程设计文件和说明、招标文件及招标文件答疑；审定的投标方的施工方案及选材要求和说明，封样的材料；施工合同、投标书；国家和地方现行的有关技术规范、标准等。

② 上级主管部门和有关文件，所要办理的手续文件等；与施工单位签订的施工工程合同文件；设计图纸会审记录，施工过程中发生的所有设计变更、工程核定单、现场签证；

施工组织设计方案；工程例会记录及工程整改意见联系单；采购工程主要材料、设备、设施清单（品名、生产厂家名称、地址、产品质量保证书）的合格证，商检证及检验报告；交付初步验收的项目，隐蔽工程验收资料；施工单位自检报告；竣工验收申请报告。

图2-43 ～图2-50为该工程完工后的现场照片。

图2-43　完工照片（电梯间）

图2-44　完工照片（走廊）

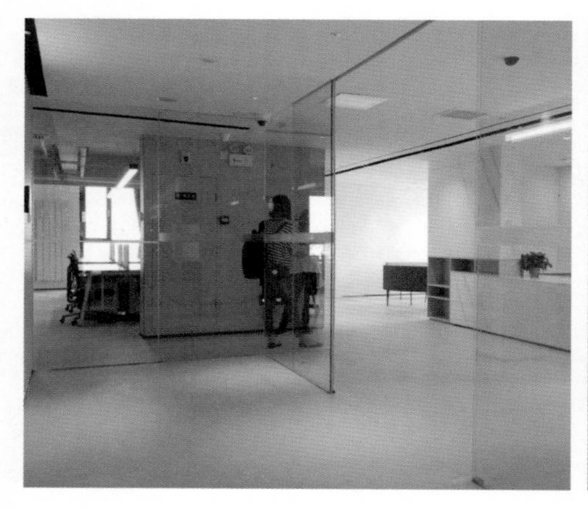

图2-45　完工照片（入口处）

图2-46　完工照片（休闲区一）

图2-47　完工照片（休闲区二）

图2-48　完工照片（视频会议室）

图2-49　完工照片（开放办公区）

图2-50　完工照片（办公室）

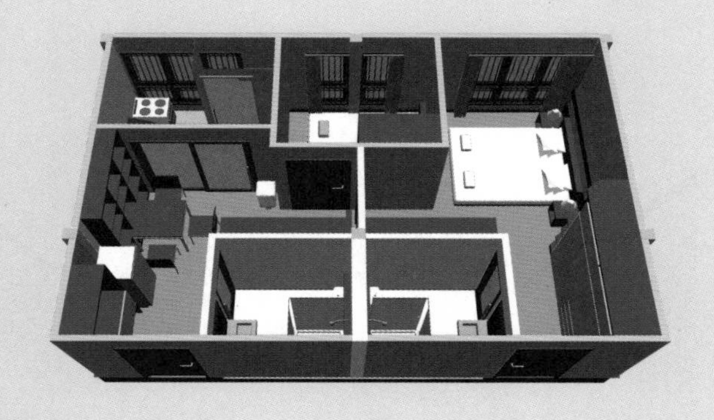

项目三　案例分析及实训拓展

知识目标

学习了解居住类空间、文化类空间、观演/办公类空间的设计内容、任务与要求。

技能与思政目标

掌握整套项目方案设计制作的内容，提高方案的整理与排版能力，以及项目汇报的语言表达能力。牢固树立当代大学生的工匠精神。

案例一

居住类空间室内设计

项目名称：呼和浩特·东岸国际项目

设 计 师：蔺武强　张琦

设计单位：内蒙古亦素建筑装饰有限公司

项目地点：呼和浩特

居住空间的设计是建立在建筑户型划分的基础上，由于不同家庭购买的房型及面积的需求不同会产生现有空间结构不实用的现象。只有按不同需求进行设计与布局，才能创造合理而舒适的家居空间。一般家居空间面积为70～90m^2，舒适型的家居面积为90～140m^2，豪华型的则会更大。居住空间主要由客厅、餐厅、卧室、厨房、书房、卫生间等几个主要功能性空间构成。随着住房条件的改善，人们活动范围的增加，功能空间会越来越多。分析主要功能区域的空间设计要求，这是居住空间设计构思的第一步。

该项目平面布置图见图3-1。

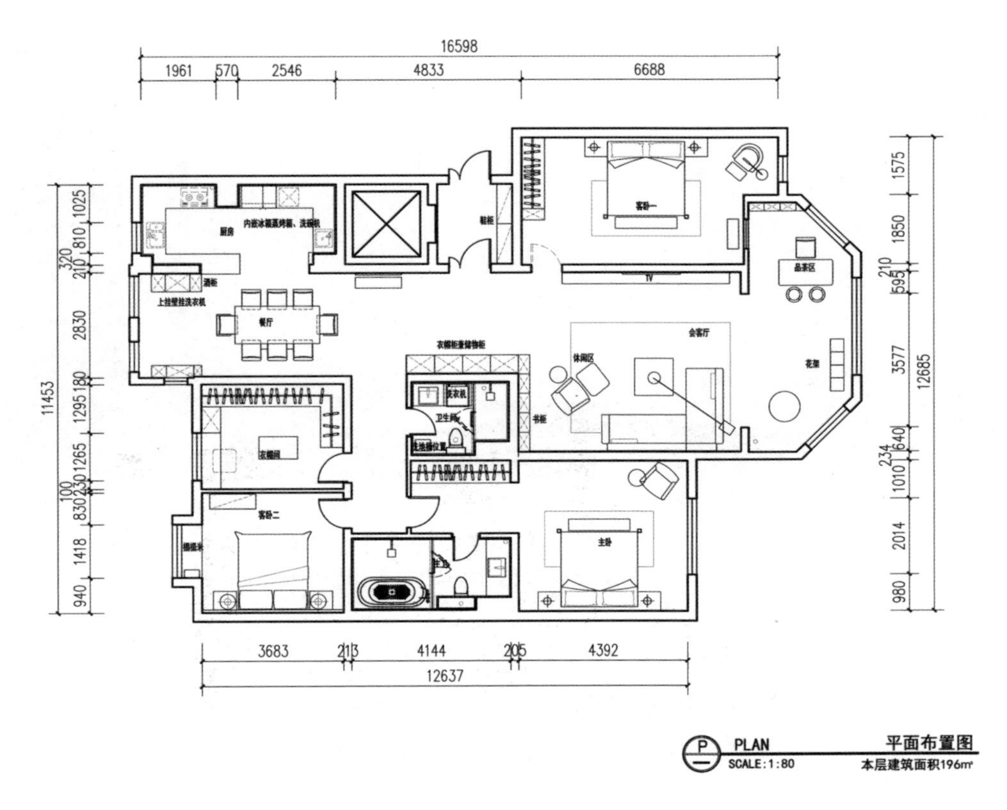

图3-1　平面布置图

一、客厅

客厅是全家活动的中心，一天的忙碌后，家人在此团聚休息、聊天娱乐，需显示空间的舒适温馨、休闲怡情的独特风格，展示户主的文化、情趣和生活品位，所以客厅标志着一个家庭的形象。客厅又是迎来送往、接待来客、进行交流的空间，要展示其热情、亲切的一面。这两方面构成客厅特殊的功能地位，因而是家居设计中重点的装饰目标，即家庭装修装饰中投入最多的地方，它涉及材料，装饰，安放的家具、电器、灯饰、陈设品，不论从数量上，还是从档次上、价值上都超过了其他功能区域。设计也最富挑战性，一方面，要考虑客厅区域空间内各部分的关系，例如进门的过道、玄关、敞开式的餐厅、开放式厨房等：另一方面，尽量使客厅的空间格局既具有自己的独立性，又与其他空间区域的装饰风格呼应，相得益彰。客厅的艺术风格的选定显得尤为重要，艺术风格的呈现并不是由一物一景所能构成的，它是由天花造型、地面材质、墙面装饰和家具陈设各方面的综合体现。一般客厅的空间面积为14 ～ 20m^2，舒适型的为25 ～ 45m^2（含餐厅）（图3-2）。

图3-2　客厅效果图（一）

客厅空间的设计应注意：

（1）大气度　即注意整体空间布局的协调与合理，注意家具的尺度，如沙发、茶几、陈列橱、家电的尺度等。如大空间里放置的家具尺度不匹配，容易感觉小气，从而造成整体效果的不协调。

（2）通透性　即不要安放太多的家具或摆满物件，令人感到拥挤和凌乱。要使空间显得通透而有序，需要做到设计合理、物件摆放整齐。

（3）私密性　即符合私密空间的要求。避免开门见厅，户内的一切被他人一览无余，可设玄关空间，既是换鞋、存放雨具的地方，又可成为客厅装饰的一个亮点。

（4）连贯性　客厅还要处理好与进门的过道、厨房、卫生间等其他空间的过渡关系，使之既具有自己的独立性，又与其他空间产生联系。

（5）合理性　客厅空间不论大小，其主要功能和设施不能缺少，所以布局要合理且适宜，如人与设施间的距离及活动空间范围、人的行走路径等的处理。

客厅空间效果图见图3-3 ～图3-5。

图3-3　客厅效果图（二）

图3-4　休闲区效果图

图3-5　走廊效果图

二、餐厅与厨房

餐厅在家居空间中具有重要的地位。它不仅是吃饭的地方，还是家人团聚、交流、商谈的地方。随着生活方式和观念的转变，餐厅从客厅中分离出来，形成一个独立的、个性鲜明的空间。餐厅是进食的地方，厨房是食品加工的地方，在设计上可相互呼应。餐厅一般采用暖色调，不宜采用绿色、蓝色、紫色，尤其不要选择蓝色、紫色的彩色照明，这种光线下，食物会呈现变质的感觉。利用灯光、酒柜、装饰品等元素，营造独特的美食氛围（图3-6）。

图3-6　餐厅效果图

餐厅空间的处理有以下几种形式：

（1）独立式，适合居住面积大的空间。

（2）餐厅与客厅相连式，这是一般家庭采用的形式。

（3）餐厅、厨房、客厅相连式，产生大空间的效果，是受西方生活方式的影响而设计的空间。

厨房一般设备较多，使用频率较高。概括地说，它需满足储存放与使用功能，应根据洗刷、备餐、烹饪的实际需要，以及排烟通风等方面的要求，进行合理的设计与安排。厨房一般采用L或U字形的布局，这将使操作流程更加合理，以减轻人在操作中的劳动强度，在进行洗刷、储藏、备料、烹调等活动时更加便利。采用餐厅与厨房，甚至与客厅相连的敞开形式，则更要注意视觉审美方面的要求，以达到各个空间设计效果的同步协调（图3-7）。

图3-7　餐厅与厨房效果图

三、卧室

人的一生大概有三分之一的时间是在睡眠中度过的，睡眠是恢复人的机能和精力的重要阶段。因此睡眠区域要创造安静、轻松的环境。色彩要优雅，灯光要柔和，才能保证人在睡觉休息时，不受外界的干扰。卧室的空间不宜过大，面积一般在9 ～ 16m^{2}较适宜。床一般以靠里面、不受干扰处为好，这样能令人安稳休息，并具备私密性。卧室一定要有窗，有窗的卧室使人感觉通风、明快、舒展；没窗的房间让人压抑，不透气。如卧室与阳台、花园之类的空间相连，更增添人与自然的亲近感。一般家居的卧室除睡眠区域外，还有梳妆、储存、休息等功能区域。应首先以睡眠区为主，其次再考虑其他功能区域。

储存区可以安排衣柜，也有另设一小间，即衣帽间。卧室的色彩一般适合选择低纯度色，朝北的房间可用偏暖色，朝南的房间可用偏冷色。尤其小孩、老人房，更应该慎重选择适合他们年龄的色彩环境（图3-8、图3-9）。

图3-8　卧室效果图（一）

图3-9　卧室效果图（二）

四、卫生间

图3-10　卫生间效果图

卫生间包括洗浴与如厕两种功能，是家庭生活中的重要场所。卫生间在住宅的户型中越来越受人们的重视，在条件允许的情况下，往往设两个卫生间，一个为主人用，一个为公用。现代的卫生间还包括梳妆、洗衣、清洁卫生等功能，以满足现代生活的需求。统一这小天地里各种设施、器具的法宝便是整体的色调，色彩运用得当，则整洁雅致，清新舒适。无论是暖色调，还是冷色调，一般都运用纯度低、明度高的色彩组合，以显示清爽悦目的效果（图3-10）。

家居卫生间设计应注意以下几个方面。

（1）使用功能　卫生间的面积狭小，一般卫生间设有蹲便器或坐便器、洗脸盆、浴缸或沐浴房，因此注意整体的安排是否合理，是否充分利用了空间。除满足人们生理功能的要求外，卫生间还可兼作盥洗、美容、化妆、洗衣、储藏等其他用途。人在卫生间内的活动要基本自如，各种设备安装应留有一定的距离，如手纸盒的安装应在方便使用的高度与位置上。

（2）安全使用　卫生间里的设备多，尤其电气设备。无论是照明、取暖、排风系统，还是电热水器（或燃气热水器）等，注意安全是首要的。由于卫生间比较潮湿，从安全角度出发，电器插座与照明之类设备都应采用防水防潮、不锈蚀的产品，如照明灯要有防潮罩；电器插座都应有防水盖板装置。此外，还应防止出现因冷热水调节不当而烫伤，因地面或浴缸太滑而摔倒，因设备的棱角外显而刮伤，因天然气泄漏而造成的事故等。

（3）方便清洁与保养　由于卫生间用具多、功能多，需要注意清洁与保养。例如，卫生间地面与洁具之间不要形成死角，方便清洁。同时地面须向地漏或排水的方向略微倾斜，以易于冲水、洗刷、清扫，不积污水，不生污斑。清洁工具放置整齐，使卫生间感觉整洁而不凌乱。卫生间一般较潮湿，尤其沐浴时的蒸汽多，因此室内墙面、地面的材料就更需讲究，选择防水、防潮、易清洗、耐腐蚀的装饰材料。在施工时一定要做好防水处理，特别是上下水管口和地漏处的水泥中应加入防水资料。

（4）通风设施　在墙体或天花处应安装卫生间专用的排风系统，保持室内清洁，无异味。

（5）附设功能　卫生间虽小但为了完善其实用功能，小器具的设置要齐全、合理，如毛巾架、衣帽钩、镜子、化妆品放置架、小柜子等，这些小器具安放整齐，注意卫生间整体的和谐，避免空间产生凌乱与零碎。

五、设计图

该项目的设计图见图3-11 ～图3-20。

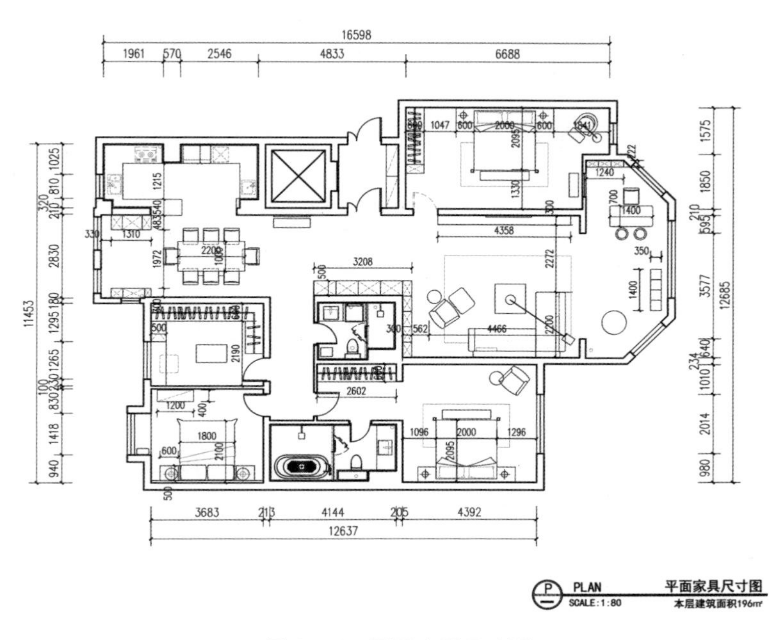

图3-11　平面家具尺寸图

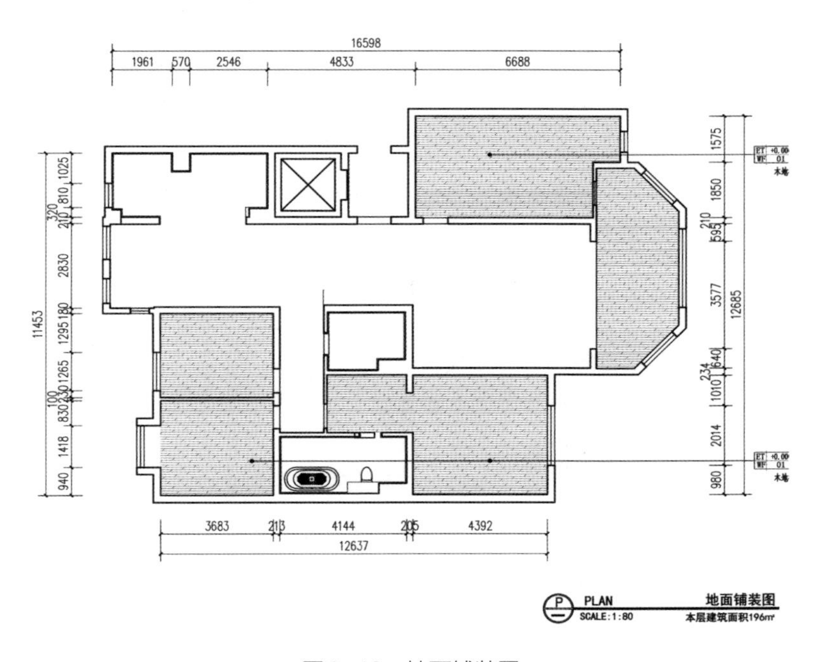

图3-12　地面铺装图

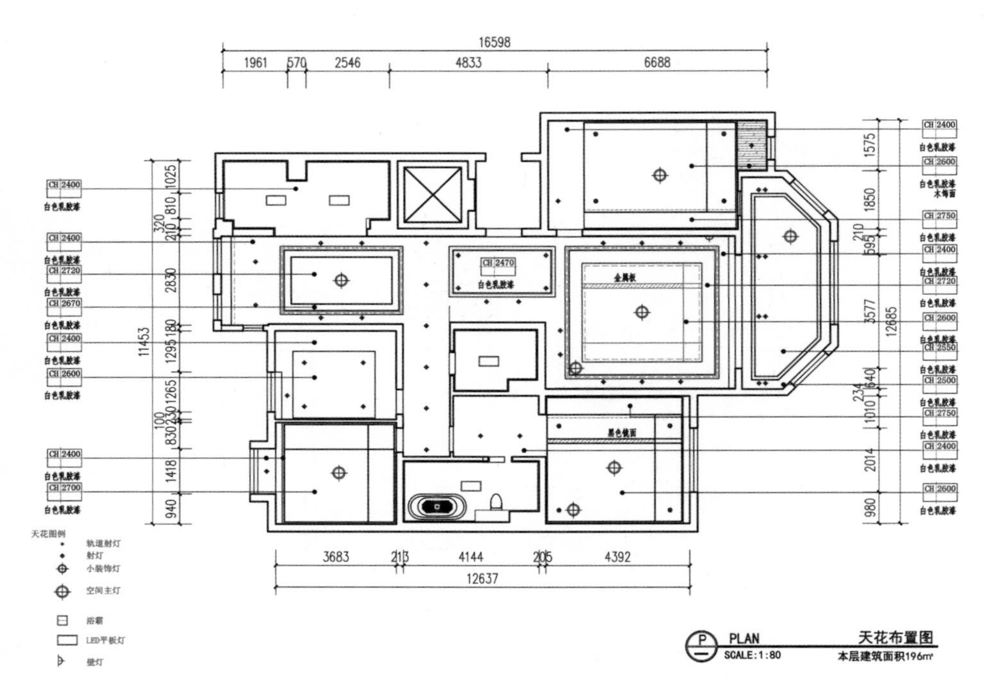

图3-13　天花布置图

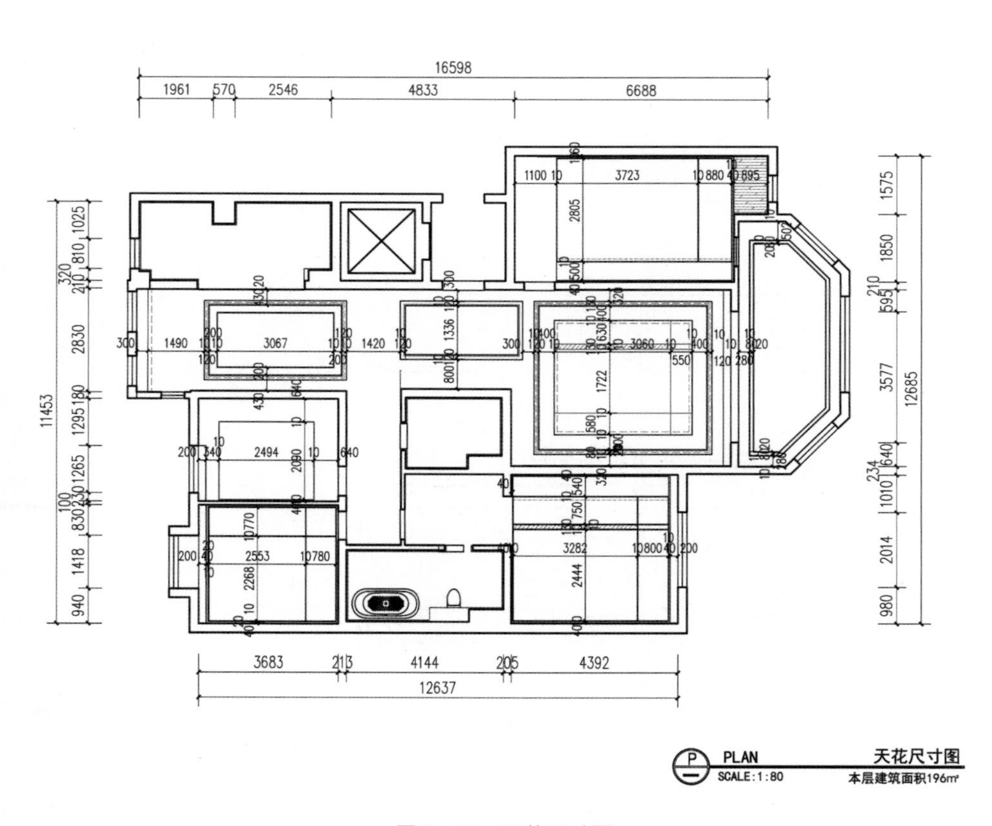

图3-14　天花尺寸图

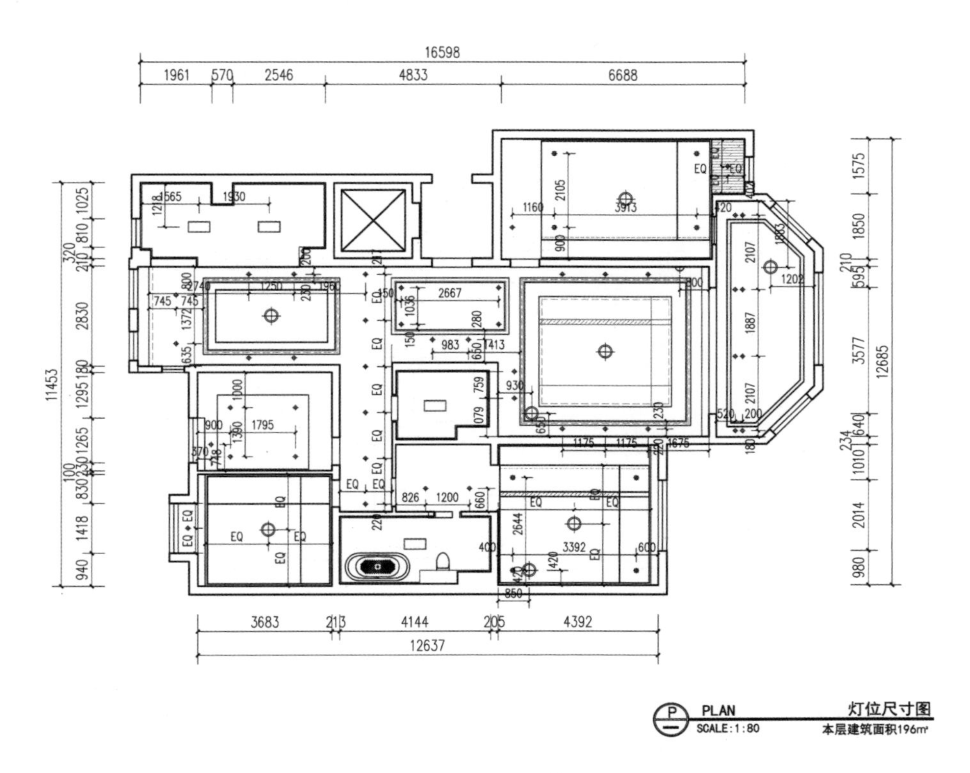

图3-15　灯位尺寸图

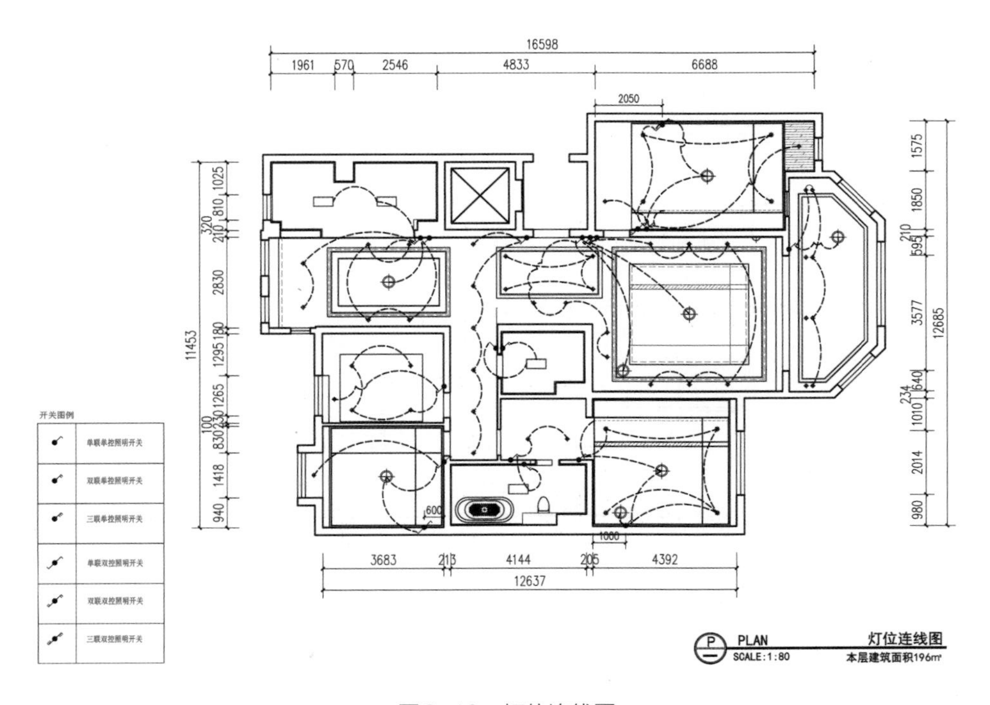

图3-16　灯位连线图

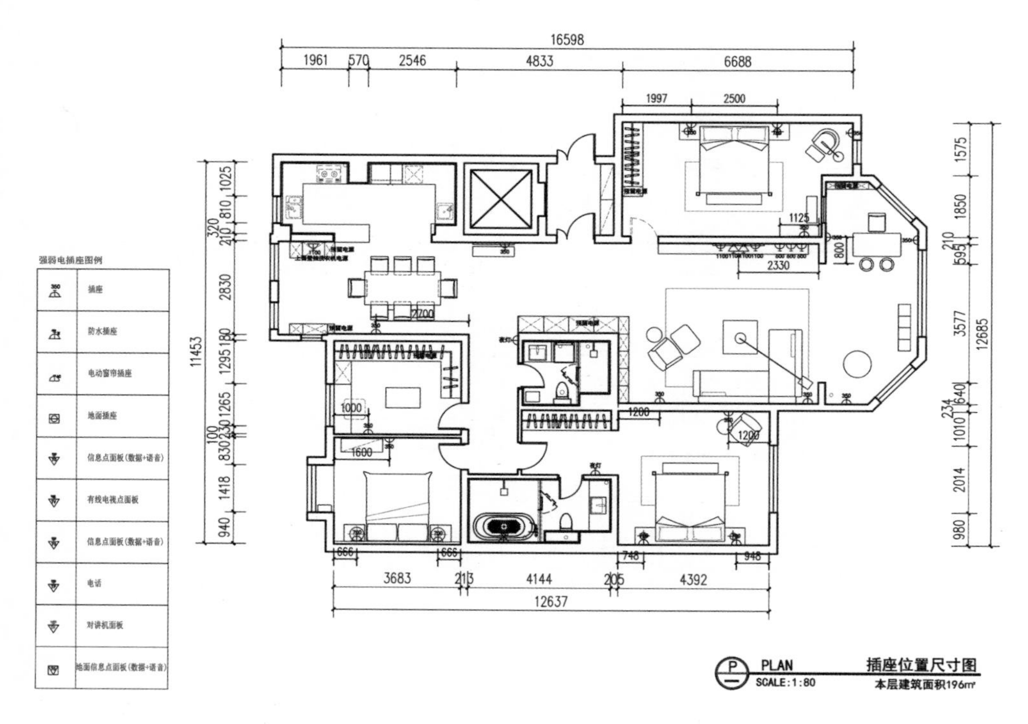

图3-17　插座位置尺寸图

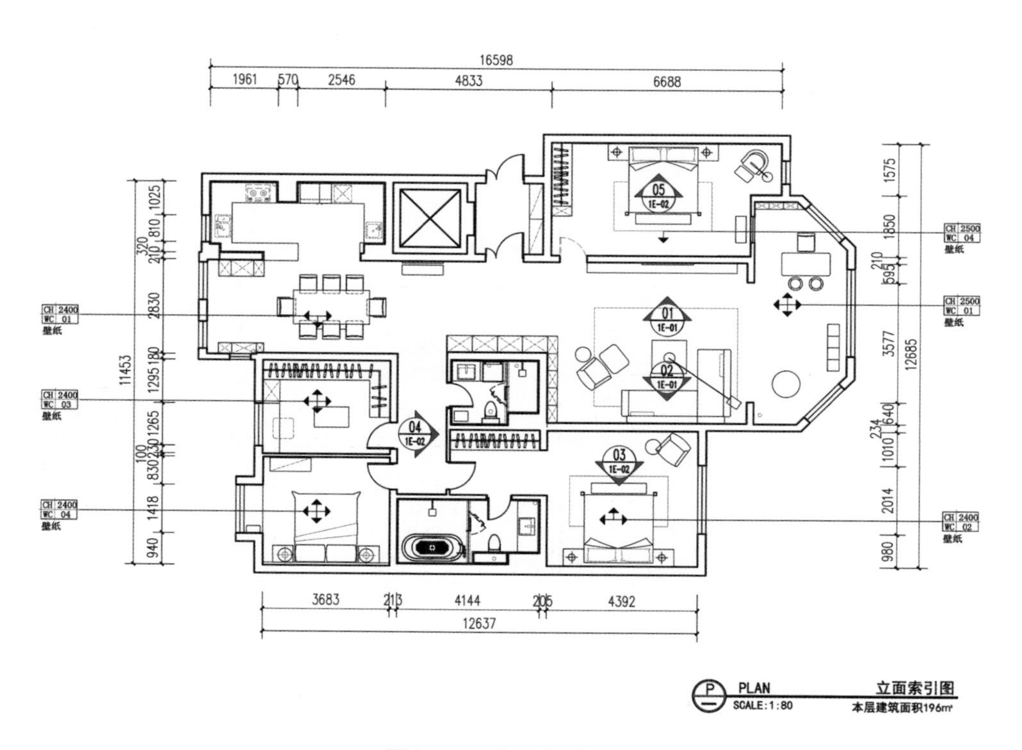

图3-18　立面索引图

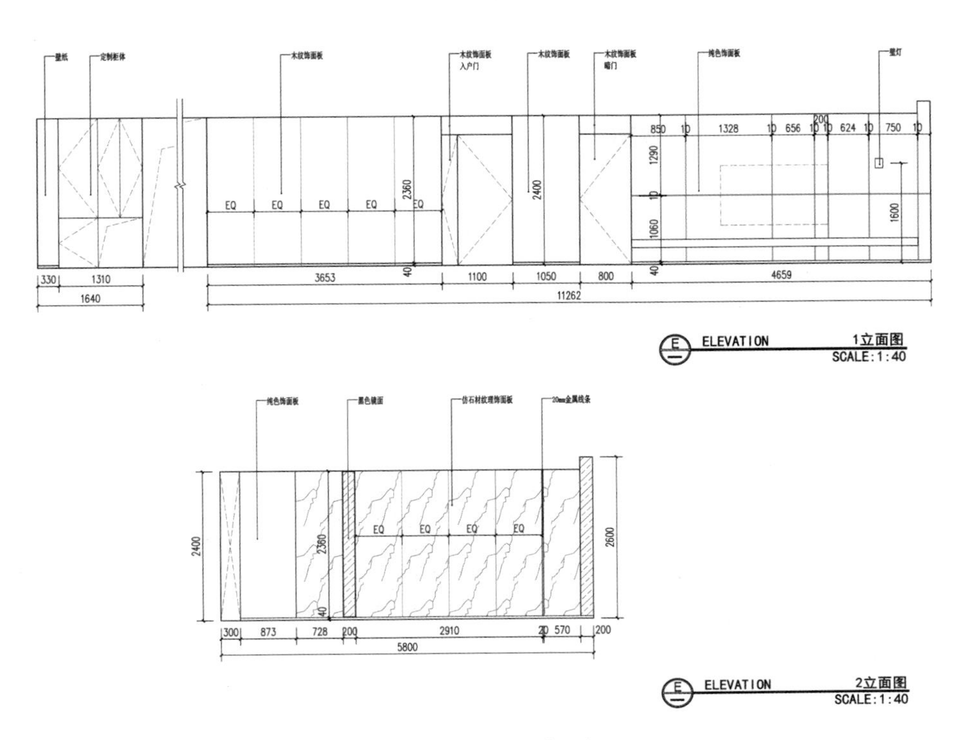

图3-19 立面图（一）

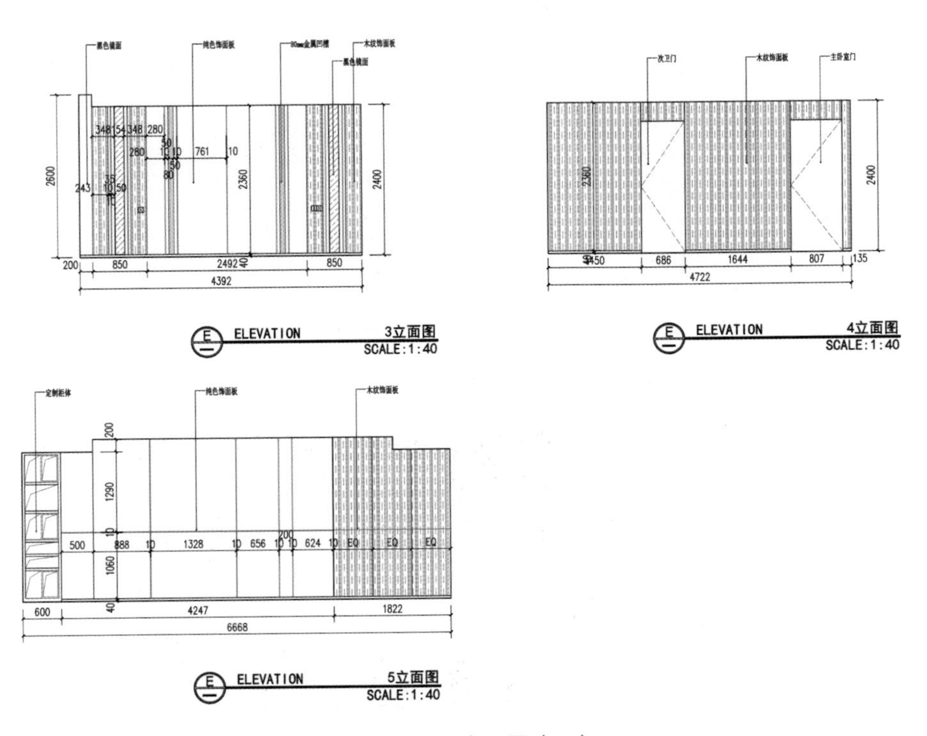

图3-20 立面图（二）

案例二

文化类空间室内设计

项目名称：呼和浩特·清水河县文化综合服务中心室内精装修项目
设 计 师：张琦　韩超
设计单位：内蒙古工大建筑设计有限责任公司
项目地点：呼和浩特清水河县

呼和浩特清水河县文化综合服务中心是集文艺演出、辅导培训、会议交流、休闲娱乐、行政管理等多功能于一体的综合性建筑。该项目室内空间设计的理念就是希望能有更多人参与，大众容易亲近的，能满足各个层面不同人群的需求，从职场精英到普通老百姓，都是它的受众，让它成为一个焦点。它能够为文化艺术中心赋予更加人性化的体验，将条形装饰的序列感和通透感在室内空间装饰中体现，做到建筑内外环境形式感和气质氛围的统一（图3-21～图3-25）。

图3-21　服务中心外景效果

图3-22　建筑内外现场

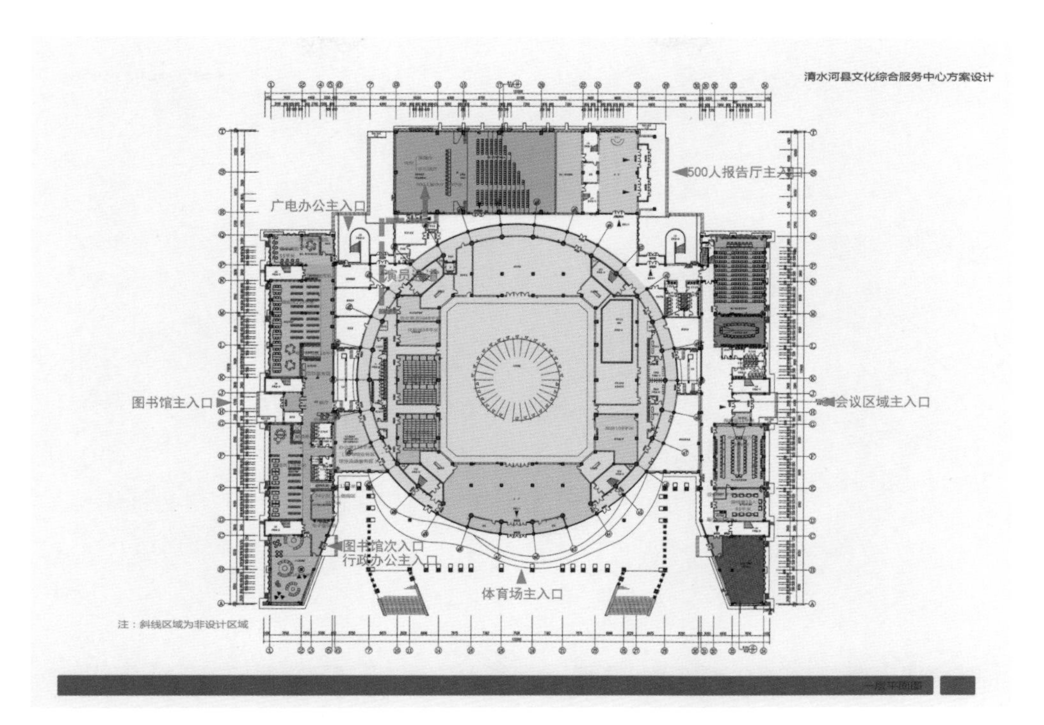

图3-23　一层原始平面图

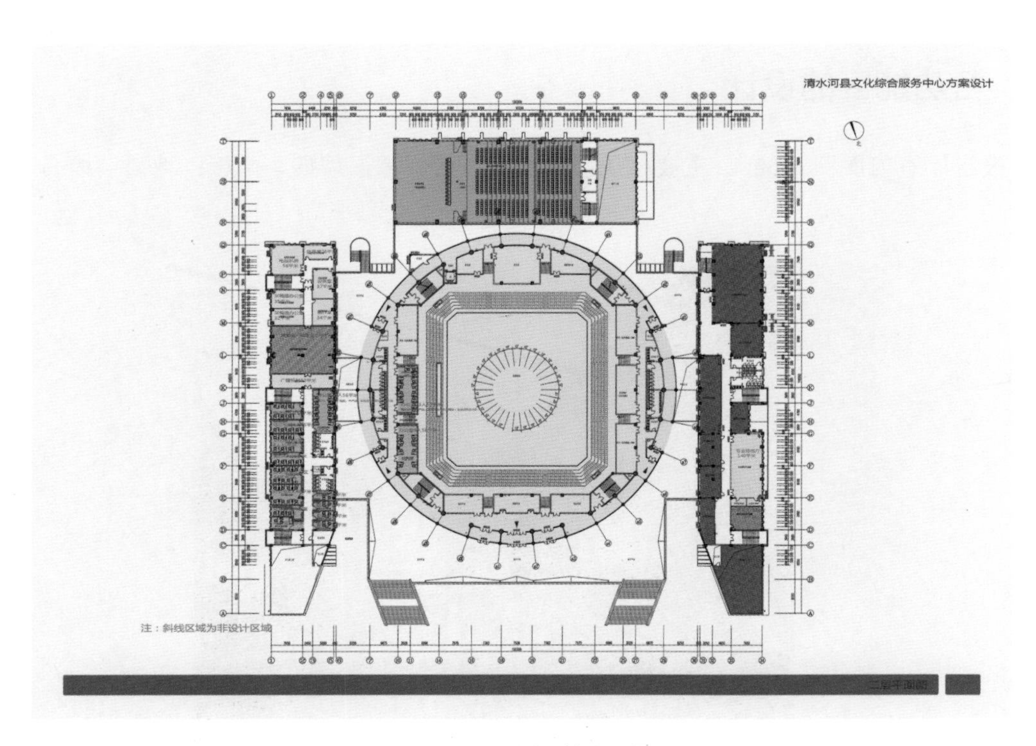

图3-24　二层原始平面图

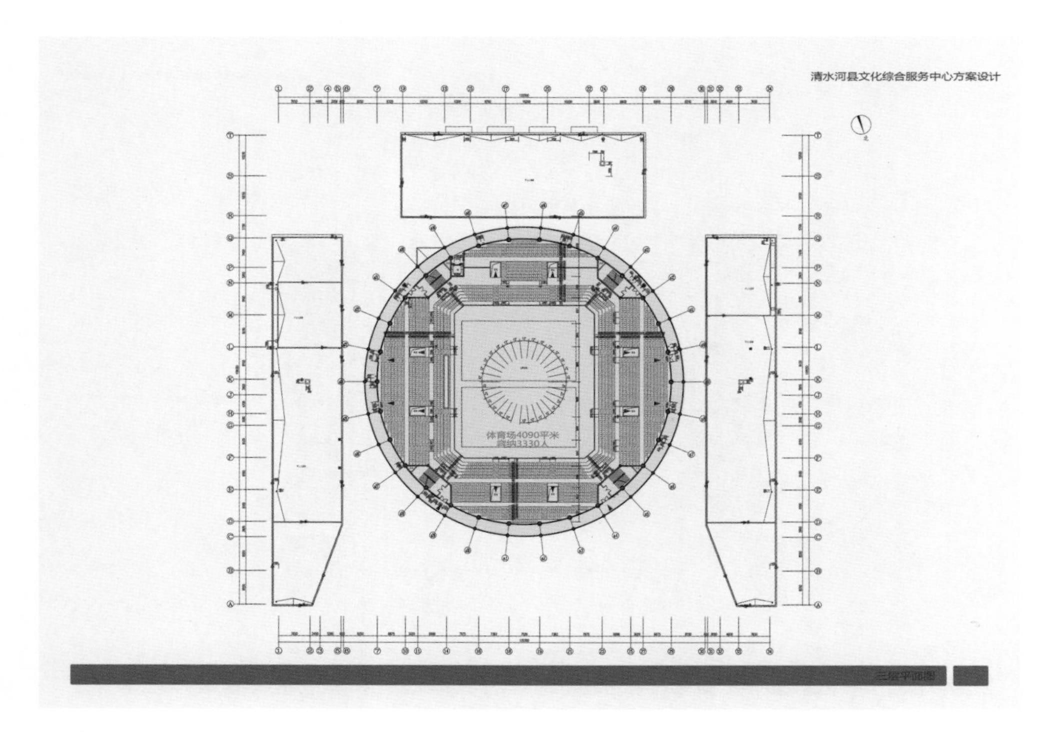

图3-25　三层原始平面图

一、各功能区的设计

报告厅室内面积190m²。主要材质：顶面石膏板；墙面墙砖、陶板；地面精磨石（图3-26）。

图3-26　报告厅入口效果

体育馆室内面积：574m^2。主要材质：顶面铝方通；地面精磨石；墙面陶板、麻灰石（图3-27、图3-28）。

图3-27　体育馆入口处效果（一）

图3-28　体育馆入口处效果（二）

阅览区室内面积：258m^2。主要材质：顶面石膏板乳胶漆；地面精磨石；墙面乳胶漆（图3-29）。

图3-29　阅览区效果

多功能厅室内面积：925m^2，容纳522人。主要材质：顶面石膏板乳胶漆；地面精磨石；墙面乳胶漆（图3-30、图3-31）。

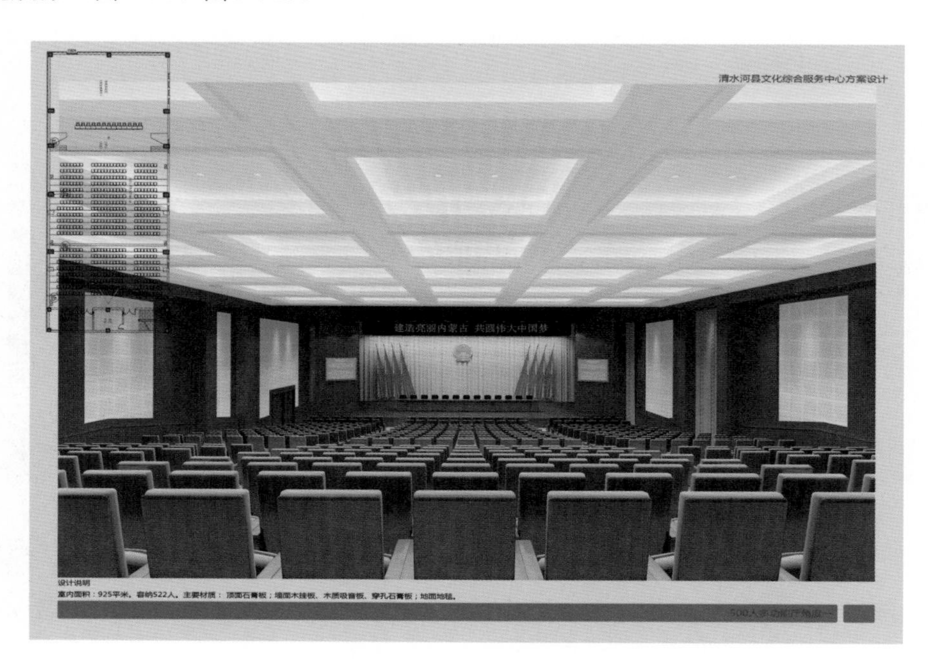

图3-30　多功能厅效果（一）

图3-31　多功能厅效果（二）

培训教室室内面积：233m^2，容纳196人。主要材质：顶面石膏板乳胶漆；地面地毯；墙面木挂板（图3-32）。

图3-32　培训教室

会议室室内面积：195m²，容纳74人。主要材质：顶面石膏板乳胶漆；地面地毯；墙面木挂板（图3-33）。

图3-33　会议室

接待室室内面积：83m²，容纳10人。主要材质：顶面石膏板乳胶漆；地面地毯；墙面木挂板（图3-34）。

图3-34　接待室

舞蹈训练教室室内面积：140m²，容纳196人。主要材质：顶面矿棉板；地面专业木地板；墙面乳胶漆（图3-35）。

图3-35　舞蹈训练教室

体育场室内面积：4090m²，容纳，3330人。主要材质：墙面木质吸音板、赛丝纶；地面运动地板、环氧地坪漆（图3-36）。

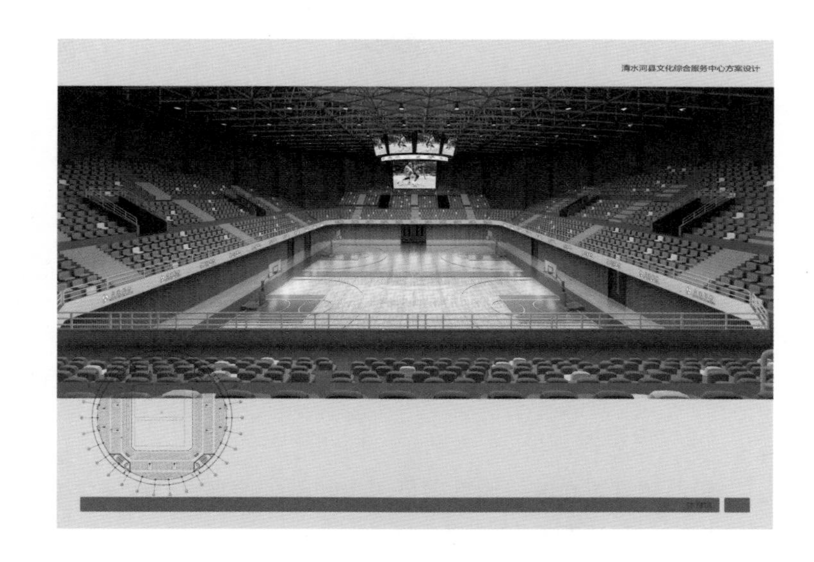

图3-36　体育场

部分材料介绍见图3-37。

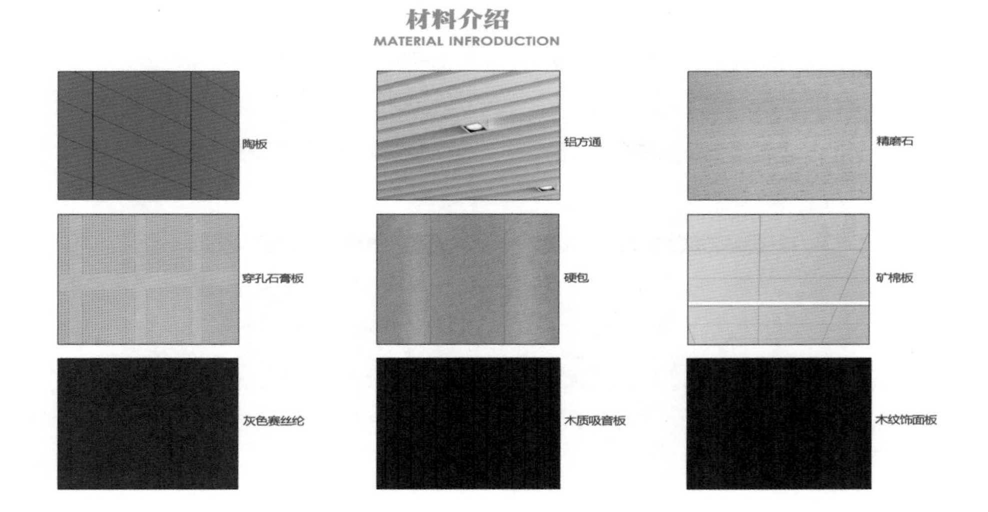

图3-37　材料介绍

二、灯光分析

1.体育场

光源选择LED灯，良好的显色性、高光效、长寿命和稳定的光电特性，并采用防眩光措施。

2. 会议中心

满足不同模式的会议灯光，节能环保的光环境色温达到4000K，照度应不低于500lux。

3. 图书馆

节能、寿命长、易维护。色温达到3000～3500K，照度不低于300lux。阅览区选用LED面板灯，防眩设计，同时消除频闪干扰，接近自然光，消除蓝光危害。

4. 文体中心

色温达到4500K，照度不低于300lux，功能性用房，符合使用照明指标。

5. 广电及办公区

色温达到4000K，照度不低于300lux。演播+导播室由专业照明深化设计。

灯光色温选配介绍见图3-38。

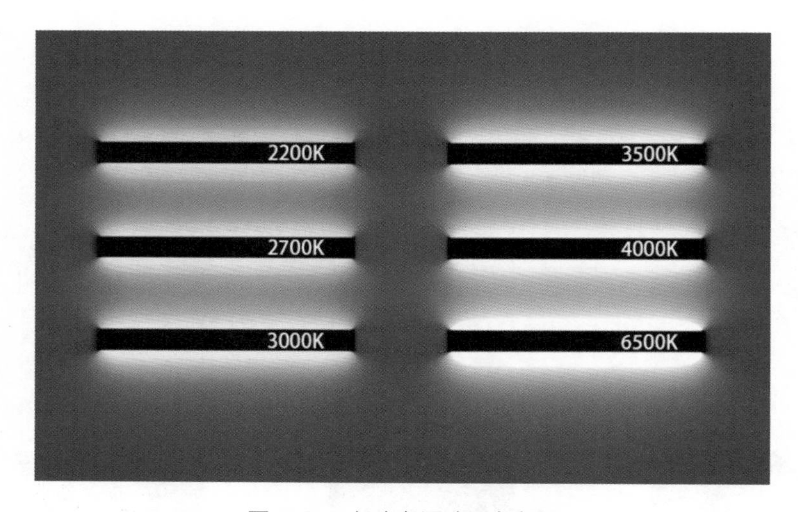

图3-38　灯光色温选配参考图

案例三

观演/办公类空间室内设计

项目名称：内蒙古·西乌珠穆沁旗会展中心室内设计项目

设 计 师：韩超　杜亚南

设计单位：内蒙古工大建筑设计有限责任公司

项目地点：西乌珠穆沁旗

该项目位于内蒙古自治区锡林郭勒盟西乌旗会展中心，位于内蒙古西乌旗巴拉嘎尔高勒镇南部，巴彦高勒路东侧，校园路南侧。

本工程总建筑面积：14994.19m²。建筑层数：地上三层。建筑高度：18.00m。建筑类型：多层公共建筑。

该项目的设计方案见图3-39 ～图3-64。

西乌珠穆沁旗会展中心项目

室内设计方案

THE CONFERENCE CENTER INTERIOR DESIGN PROJECT

图3-39　封面

项目概况

PROJECT INFORMATION

本工程为内蒙古自治区锡林郭勒盟西乌旗会展中心，位于内蒙古西乌旗巴拉嘎尔高勒镇南部，巴彦高勒路东侧，校园路南侧。

本工程总建筑面积：14994.19 m²。

建筑层数：地上三层。

建筑高度：18m。

图3-40　项目概况

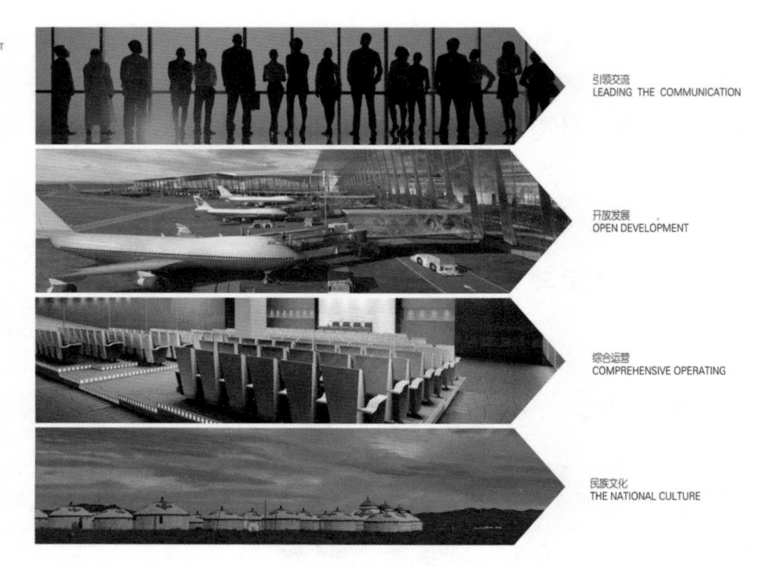

图3-41 设计理念

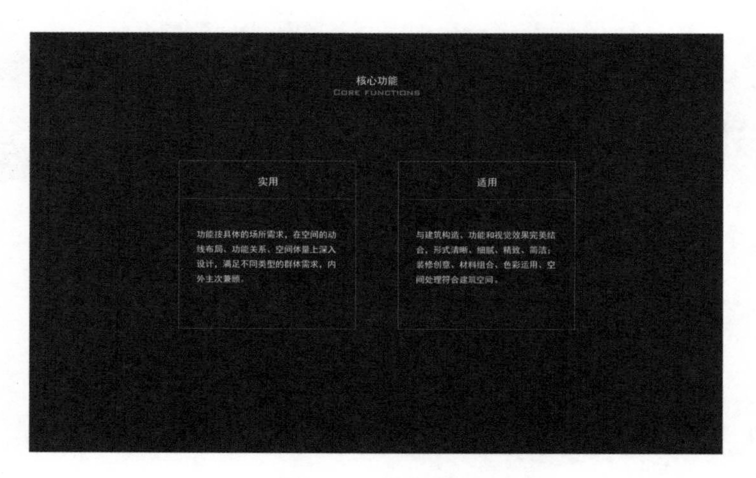

图3-42 核心功能

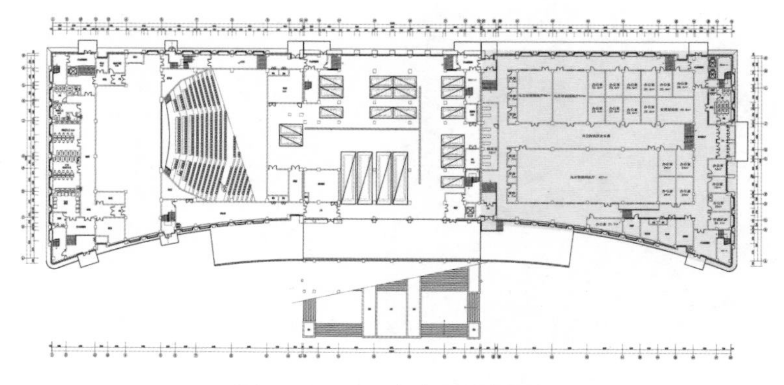

图3-43 一层室内平面布置图

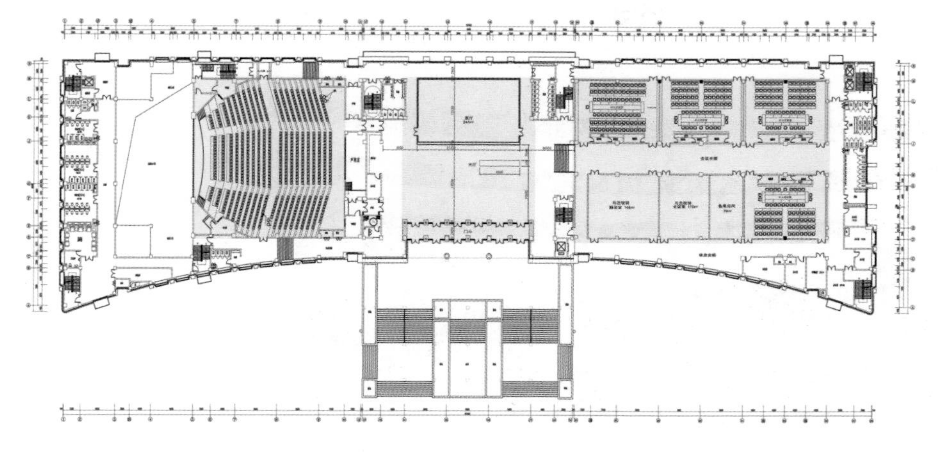

图3-44　二层平面布置图

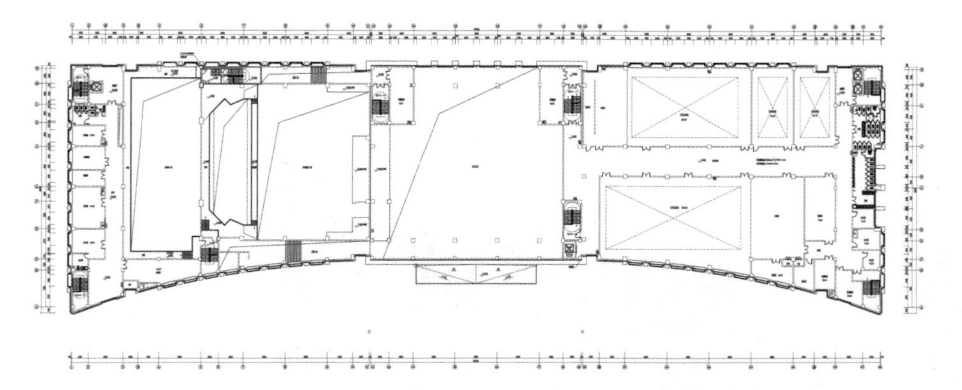

图3-45　三层平面布置图

观众厅数据：

1. 台口原建筑高度：8m　　台口原建筑宽度：15m
2. 装修后台口高度：7.6m　　装修后台口宽度：14.2m
   装修后吊顶前方高度：11.5m　　装修后吊顶后方高度：7.6m
3. 剧院座位数：744

观众厅功能优化：

1. 后侧入口增加声闸，满足声学功能同时平衡空间视觉效果。
2. 调整观众阶梯分布模数，满足疏散功能同时观众席分布更加平衡整顿。
3. 前三排观众席增加会议桌，满足会议需求。

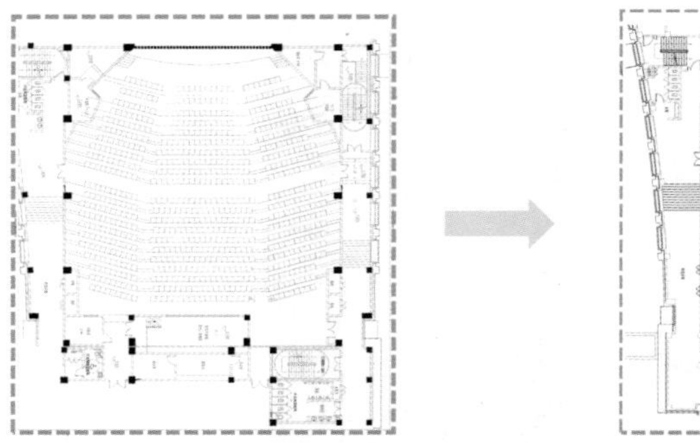

图3-46　观众厅分析图

图3-47
观众厅效果图

图3-48
观众厅侧面效果图

图3-49
长廊效果图

图3-50
贵宾厅效果图

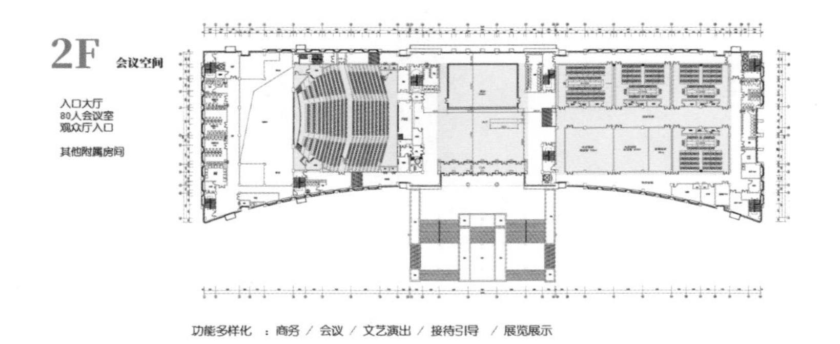

图3-51
会议空间

图3-52
大厅效果图

图3-53
大厅（侧）效果图（一）

大厅效果图
RECEPTION HALL RENDERING

图3-54
大厅（侧）效果图（二）

会议厅走廊
INTERIOR DESIGN CONCEPT

图3-55
会议厅走廊效果图

图3-56

会议厅回廊效果图

会议室布局
PLAN FUNCTION

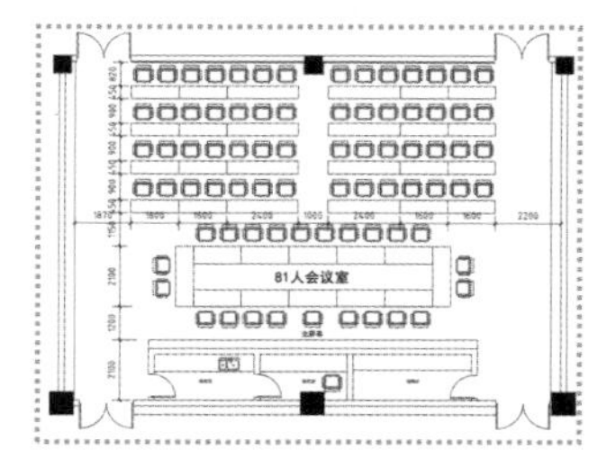

81人会议室布局
方案一

方案包括会议空间、操控室、储物间、茶水间四大功能。
主位背景墙设置会议屏幕。

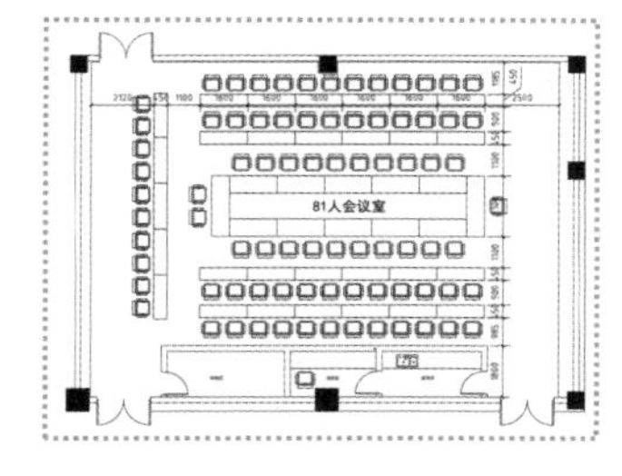

81人会议室布局
方案二

方案包括会议空间、操控室、储物间、茶水间四大功能。
主位设置背景墙，同时设置超清屏幕，可作为多功能视频会议空间使用。

图3-57

会议室布局图

图3-58

会议室效果图（一）

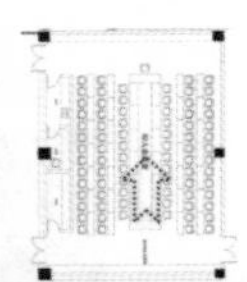

81人会议室
MEETING ROOM

图3-59
会议室效果图（二）

3F

300人会议室
150人会议室

贵宾休息室

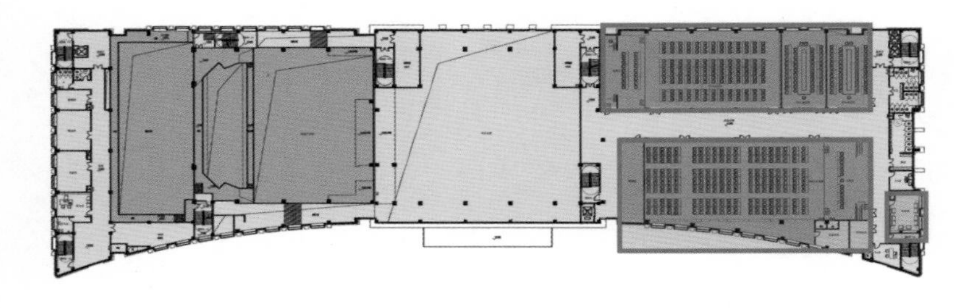

图3-60
三层会议室效果图

300人会议室优化：

1.300人会议室通过优化原建筑布局使有效空间最大化，形成流畅合理的参会人员动线。

2.主席台后方空间增加贵宾接待室。

3.空间窗户一侧通过设置对称隔断，优化空间视觉效果同时保证自然采光。

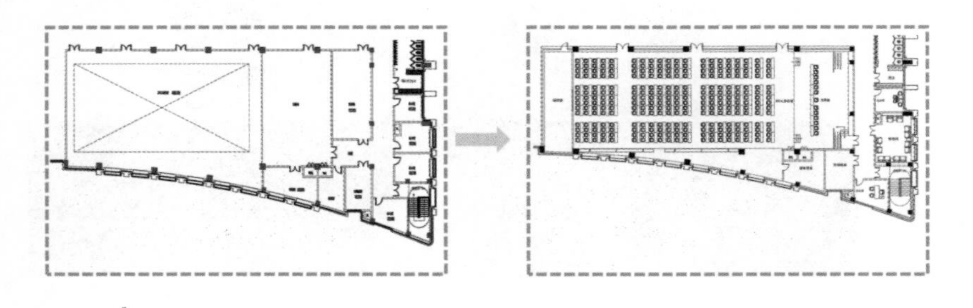

图3-61
会议室优化分析图

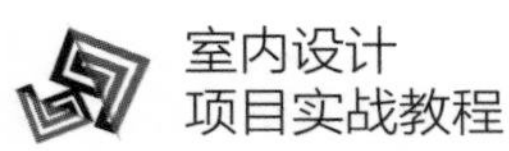

图3-62
300人会议室效果图

图3-63
50人会议室效果图

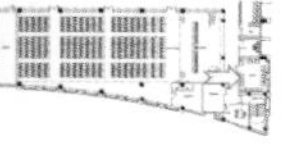

图3-64
贵宾接待室效果图

附录

室内设计实训指导

一、实训课程概述

（一）实训课程的性质

“室内设计实训”是装饰设计类专业的核心课程，也是一门集技术与艺术一体化的学科，它运用现代化工程技术手段创建人类生存环境空间，涉及物理工程学、材料工程学、光学、电子学、人体工程学等现代科学技术。它的核心任务是营造环境空间氛围，把握室内设计总体风格和形象。本课程强调在工作过程中学习知识，在实践项目中完成基础理论的获取，通过“行为”工作实现学习。它以四个完整的项目工作构建学习情境，是工学结合一体化过程中理想的教学方式，培养面向室内装饰、展示行业，从事设计、绘图、预算监理、施工管理等岗位工作的高素质技能型技术人才。

（二）实训的目的及要求

1.实训的目的

通过居住空间、公共空间等项目设计的实战训练，以及到装饰市场实地参观和实训基地上岗实习，由浅至深地掌握室内空间设计的方法和制作技能。

2.实训的要求

（1）了解各种不同的室内空间类型及特点。

（2）掌握各种室内平面功能布局和空间形象构思方法。

（3）学会室内空间人流动线分析方法及空间序列的程序。

（4）掌握室内陈设家具设计与人体工程尺度。

（5）掌握室内空间的设计表现方法和程序，尤其是效果图制作及施工图设计。

（6）掌握建筑装饰材料、构造及工程施工的方法。

（7）学会做室内设计装饰成本预算，使学生成为能懂、会做的行业高技能复合型人才。

（8）培养与客户交流沟通的能力及与项目组的团队精神。

（三）实训的表达

1.概念设计阶段

（1）本阶段要求各项目组与客户进行前期沟通，了解客户的经营定位、资金造价及风格定位，还要调查分析室内服务类型、顾客的数量、所需的设备和所针对的消费群的特性，确立空间功能划分。

（2）实地勘察现场情况。如餐厅建筑构造包括：梁柱所在的位置及相互关系，承重墙和非承重墙的位置及关系，电、水、气、暖等设施的规格、位置和走向等。

（3）甲方招标文件分析。设计前要求充分了解项目招标书，对有关信息进行列表分析，并抓住主要信息作为设计定位依据。

（4）定位室内设计风格。

（5）安排各室内流动线、服务流线。

（6）考虑各种线路、各种管道的位置与功能，考虑运用不同材料的特点与装饰效果。

（7）考虑装修风格、色彩效果、材料的质地等。

2.方案图设计阶段

本阶段要求各项目组将设计方案以方案草图的形式表现出来：

（1）以功能分区图表现空间类型划分。

（2）以活动流线图表现空间组合方式。

（3）以透视图形式表现空间形态。

（4）表达方案设计效果。

3.施工图设计阶段

本阶段要求各项目组利用工程制图软件完整地将设计施工图制作出来，在制作过程中要注意调整尺度与形式，着重考虑方案的实施性。

（四）实训的步骤

由于室内空间项目是室内设计中最为复杂的门类，它涉及各类装修工程和环境工程的交汇构造，岗位需要基本素质与能力。虽然通过该课程的理论学习每个学生都掌握相关的知识点，但是由单个学生完成整个项目还是不现实的。本课程采用把项目分成若干设计标段的形式，以设计标段为单位分配考核任务。一个设计标段通常由3～4名学生组成，设计标段由学生自由组合，并推荐其中一人作为段长，负责协调各方之间的联系。

1.组建标段小组

（1）提出任务要求。

（2）小组讨论，查资料。

（3）任意抽查组展示。

（4）全体同学讨论，指出不足之处。

2.综合考核内容

空间设计方案一套（空间类型任选），要求A3纸尺寸，手绘表现为主，制图规范，具体图纸内容包括室内设计方案图、表现图和施工图的设计与制作，并撰写设计说明书。设计方案应体现出创意水平，布局合理，符合空间的功能要求。

3.分段式考核内容

空间设计草案5套，以速写图的形式对设计对象进行初步方案设计，较完善地表达出设计创意。

4.考核方式、方法

采用平时考核和课程结束综合考核相结合，平时考核占总成绩的40%，课程结束综合考核占60%。平时考核每周进行一次，主要根据本周内大纲规定所要完成的实训任务，结合平时考勤及听课情况进行评定，给出平时成绩。

5.设计规范

施工图必须是可指导施工的图纸，而不是学生练习作业。所以，需要达到以下现行的国家有关法规要求：

（1）建筑及结构设计规范，如《建筑设计防火规范》GB 50016—2014（2018版）、《民用建筑照明设计标准》GB 50034—2013、《建筑装饰装修工程质量验收标准》GB 50210—2018。

（2）材料标准，如《建筑内部装修设计防火规范》GB 50222—2017。

二、分类项目实训作业

实训项目一：某居住空间室内设计项目实训

室内设计项目实训任务书——居住空间设计

（一）实训目的

通过本课程实训设计的学习，学生能从“理论—实训—创作一体化”教学中，基本掌握居室空间设计最新的设计理念、知识、方法、技术、工艺，能综合运用学过的专业基础知识，全面掌握居住空间的使用功能要求；合理布置门厅、楼梯、起居室、客厅、餐厅、工作室、书房、卧室、厨房、卫生间及内部家具、设备。了解居住空间设计的一般规律，掌握设计基本原理、常用家具尺寸及人体尺度。独立完成系列化居室空间设计与施工管理工作，设计的图纸规范、标准达到投标要求，设计方案具有独创性、潮流性和可实施性，使学生对居住空间设计系列有相对全面的了解，为以后设计打下基础。

（二）实训的重点、难点及解决办法

实训的重点：掌握居室空间设计规范、居室空间设计区域计划、居室空间设计基本方法，培养学生的创意思维能力和创新精神，把握居室空间设计的潮流性和未来发展趋势。

实训的难点：在设计上是创意思维和创新能力的培养，在工艺上是装饰材料、装饰结构、实地施工方法的掌握。

（三）实训设计要求

居住空间是人们生活中最常使用的空间，在设计中应注意：

（1）功能分区合理；

（2）具有良好的通风、采光；

（3）要求家具设备及尺寸符合人体尺度；

（4）具有良好的隔声措施；

（5）符合住宅照明要求；

（6）居住空间的室内绿化与陈设设置；

（7）装饰上形成统一风格，以宽敞、素雅、满足业主要求为主；

（8）采用高档、环保、污染级别小的装饰材料。

（四）实训设计内容

（1）门厅（玄关、过厅、过道）楼梯；

（2）起居室、客厅；

（3）餐厅；

（4）工作室、书房；

（5）卧室（分为主卧、儿卧、老人卧、客卧等）；

（6）厨房；

（7）卫生间等。

（五）实训过程

第一阶段：项目布置

（1）熟悉任务书，了解设计课题的实训目的、意义及要求。

（2）对给定的建筑空间条件进行调研，了解甲方（或指导教师）对设计课题的要求及意图，通过现场的勘察、优秀实例工程的调研，了解实际工程的功能组织、设计风格、材料选择等项目。

（3）查阅相关建筑规范、规定。了解和掌握该空间的建筑规范、规定的相关内容。

第二阶段：项目分析

（1）根据居住空间规模性质、业主特点及具体要求确定居住空间整体设计风格。

（2）进行居住空间功能流线设计，根据居住空间功能区域的相互关系，解决功能区之间的相互关联、过渡和协调呼应的关系。

（3）成果要求：确定居住空间风格、功能，做好空间布局设计。

第三阶段：项目平面功能设计

（1）根据调研及功能流线设计进行平面功能区域划分，并进行平面功能组织设计。

（2）进行平面设计，合理布置门厅、楼梯、起居室、客厅、餐厅、工作室、书房、卧室、厨房、卫生间等各功能空间。

（3）成果要求：平面功能设计草图，要求平面功能布置合理。

第四阶段：项目空间造型设计

（1）根据平面功能，进行空间造型设计。合理选择室内照明的方式，确定装饰材料及颜色。

（2）根据室内造型设计方案，再次进行平面功能设计、修改方案。

（3）主次关系明确，确定家具及装饰造型的尺度。

（4）透视准确，具有较强空间感，装饰材料应选用易于维修保养的现代材料。

（5）成果要求：进一步完善平面功能布置图，完成室内空间造型设计草图。

第五阶段：项目图纸绘制

（1）绘制平面图、立面图、剖面图等。要求按常用制图比例（如1：10、1：30、1：50、1：75、1：100、1：200）进行绘制。

（2）平面图绘制技能要求：平面图构图美观、平面功能合理、线条流畅、线型表达正确，平面图、剖立面图结构墙体部分使用0.9mm粗实线绘制，装饰造型及细部设计表达应使用0.3～0.18mm细实线绘制。尺寸标注有轴线尺寸、标高尺寸、局部尺寸及主要材料说明。

（3）空间渲染图技能要求：透视准确，具有较强空间感，比例适度，构图匀称、美观、创新。

（4）设计说明要求：尽量引用专业术语，介绍设计思路、设计风格、设计手法，字数200字左右。

（5）字体要求：数字、文字使用仿宋字书写，题图字用美术字书写（绘制）。

（6）成果要求：方案图绘制正确、完整，基本达到招投标要求。

（六）实训成果

1.技能要求

（1）设计技能：掌握居住空间的基本使用功能，合理利用空间，突出重点。应有良好的通风、采光。根据住宅的面积、标准进行家具布置及设备安置。设计风格简洁、大方、得体。装饰应以淡雅、宁静或华丽为原则，家具款式应与住宅整体风格统一协调。

（2）表现技能：表现图内容全面，图面布置安排合理。合理选择透视角度，透视准确，构图舒服。整体色调清新、淡雅。在形体表现的基础上，有一定的质感表现。具有一定的水彩表现技能。

2.设计图纸要求

（1）设计方案封面；

（2）目录；

（3）设计说明300字左右；

（4）效果图三幅（客厅、卧室、书房或自选）；

（5）平面图（比例1：100）、吊顶图（比例1：100）；

（6）立面图（含剖面图）2幅（比例1：20）；

（7）A3方案图册一套或A2图纸一套。

（七）时间安排

时间	授课章节内容摘要	作业
阶段一	居住空间设计——平面图设计	绘制平面图
	居住空间设计——吊顶图设计	绘制吊顶图
	居住空间设计——（剖）立面图设计	绘制立面图
阶段二	居住空间设计——空间造型设计	绘制效果图
	居住空间设计——空间造型设计	绘制效果图
	居住空间设计——绘制平面图、吊顶图、（剖）立面图	绘制设计方案图
阶段三	居住空间设计——绘制效果图	绘制设计方案图
	居住空间设计——整体调整，交图	绘制设计方案图、装订

（八）条件图纸（略）

（九）考核办法及标准

实训的成绩采用优秀、良好、中等、及格、不及格五级分制。具体评定标准如下：

总项	序号	评分项目	权重分值	优秀（$100 \geqslant X \geqslant 90$）	良好（$89 \geqslant X \geqslant 80$）	中等（$79 \geqslant X \geqslant 70$）	及格（$69 \geqslant X \geqslant 60$）	不及格（$X \leqslant 59$）
设计过程	1	工作态度纪律	5	工作态度认真，模范遵守纪律	工作态度认真，遵守纪律较好	工作态度尚好，能遵守纪律	工作态度一般，纪律一般	工作态度马虎，纪律涣散
	2	分析解决问题能力	20	运用各种设计方法分析和解决问题能力强	运用各种设计方法分析和解决问题能力较强	能够运用各种设计方法分析和解决问题	运用各种设计方法分析和解决问题能力一般	运用“三基”分析和解决问题能力差
	3	资料检索与调研	5	资料检索与使用能力强，调研效果好	资料检索与使用能力较强，调研效果较好	资料检索与使用能力较好，调研效果一般	资料检索与使用能力一般，调研效果一般	资料检索与使用能力差，调研效果差
设计成果	4	任务要求	10	很好地完成任务书和规定的工作量	较好地完成任务书和规定的工作量	基本完成任务书和规定的工作量	完成任务书和规定的工作量情况一般	没有完成任务书和规定的工作量
	5	设计思想	10	设计合理，创意新颖，设计观念表达清晰	设计较合理，创意比较新颖，设计观念表达较清晰	设计较合理，创意符合要求，设计观念表达一般	设计基本合理，创意基本符合要求，设计观念表达一般	设计不合理，创意不符合要求，设计观念表达错误

续表

总项	序号	评分项目	权重分值	优秀（$100 \geqslant X \geqslant 90$）	良好（$89 \geqslant X \geqslant 80$）	中等（$79 \geqslant X \geqslant 70$）	及格（$69 \geqslant X \geqslant 60$）	不及格（$X \leqslant 59$）
设计成果	6	设计效果	15	效果好，视觉冲击力强。设计元素表达全面	效果较好，视觉冲击力较强。设计元素表达较全面	效果较好，视觉冲击力一般。设计元素表达较一般	效果一般，视觉冲击力一般。设计元素表达基本正确	效果差，视觉冲击力弱。设计元素有明显缺陷
	7	图纸资料内容	20	设计图纸及相关资料内容质量好	设计图纸及相关资料质量较好	设计图纸及相关资料质量尚可	设计图纸及相关资料质量一般	设计图纸及相关资料质量差
设计答辩	8	答辩报告水平	5	答辩报告内容组织合理，报告水平高	答辩报告内容组织较合理，报告水平较高	答辩报告内容组织可以，报告水平尚可	答辩报告内容组织一般，报告水平一般	答辩报告内容组织不好，报告水平差
	9	回答质疑	10	能准确流利地回答各种问题	能较恰当地回答设计有关的问题	对提出的主要问题一般能回答，无原则错误	对提出的主要问题经提示后能作出回答或补充	主要问题答不出或有错误，经提示后仍不能回答或纠正
	10	答辩思维表达	5	能简明扼要、重点突出地阐述论文的主要内容	能比较流利、清晰地阐述论文的主要内容	能基本叙述出论文的主要内容	能阐明论文的基本观点	不能阐明论文的基本观点

实训项目二：餐厅空间室内设计项目实训

（一）概念设计阶段作业（100分）

1. 关联矩阵坐标法表格（10分）

分析平面功能分区各种要素要求，如它们的面积需求、邻接关系需求、使用程度需求、采光景观需求、私密程度需求、特殊因素要求等。经过调查了解，把它们按坐标关系排列，使用各种简单的符号加以注解。

2. 室内设计的平面功能布局草图对指定的一个餐饮空间做出2种规划处理，并写出相应的规划说明（20分）

3. 餐厅室内空间的交通流线图（10分）

根据人的行为特征，空间的使用基本可表现为“动”与“静”两种形态，“动”即交通路线面积，“静”即空间使用面积。它涉及平面功能分区、交通流向、家具陈设样式与位置、设备设施等诸多工程要素，要协调它们之间的关系，使其平面功能达到最合理的布局。

4. 设计说明（60分）

（1）要求：1500字说明设计构思及分析材料的选择；设计说明标题用三号黑体，正文用四号宋体，行距为固定值20磅。

（2）规范：A3纸大小，图框内应有班级和设计人、指导教师等栏目。

（二）方案设计阶段作业（100分）

根据提供的图纸，做出餐厅平面布置图，要求包括：中餐厅、服务台、酒吧、包房、大厅、接待、厨房、保管室、卫生间、明挡等空间。

设计应有创新，所设计的餐饮空间交通流程应有合理的线路，装修工艺、材料及构造均要符合施工要求。餐饮各部分设施面积根据餐厅接待规模推算其面积。

1. 总平面布置图（20分）

要求：比例1∶50或1∶70；注明各工作区和功能区名称；有高差变化时须注明标高，尺寸标注；此图须经教师审查后才能进行下一步。

2. 顶棚布置图（10分）

要求：比例1∶50或1∶70；注明各顶棚标高、尺寸及材料；布置灯具及设备。

3.立面图（50分）

要求：比例1∶20；不少于8个面；要体现特色、装饰艺术；注明尺寸及材料。

4.色彩渲染图（20分）

主要空间表现效果图。

要求：用手绘制色彩渲染图。

（三）施工设计阶段作业（100分）

制图应规范，比例自定，文字大小适当，线型设置美观，要有图框，交打印A3图纸装订成册。

（1）顶棚或立面设计的剖面、大样、构造节点图。（60分）

要求：不少于8个，注明尺寸及材料。

（2）弱电图（宽带图、电话图、闭路图、音响图等）。（20分）

（3）开关图。（5分）

（4）插座图。（5分）

（5）电路图。（5分）

（6）给排水图。（5分）

（四）展板设计作业（100分）

1.内容

设计图中重要墙面彩色效果图（至少3张），简要的设计说明、标题、立面图（可手绘然后扫描）、设计者、指导教师。

2.尺寸

600mm×900mm，200dpi以上写真打印KT板装裱一张。

3.设计说明（60分）

（1）要求：1000字，说明设计构思及分析材料的选择，设计说明标题用三号黑体，正文用四号宋体，行距为固定值20磅。

（2）规范：A3纸大小。图框内应有班级和设计人、指导教师栏目。

4.实训项目底图

（具体图纸由任课教师发布电子版。）

参考文献

[1] 李中扬.室内设计基础.武汉：武汉大学出版社，2008.

[2] 董静.室内设计.上海：上海交通大学出版社，2017.

[3] 中国建筑装饰协会.室内建筑师培训教材.哈尔滨：哈尔滨工程大学出版社，2005.

[4] 梁旻.室内设计原理.上海：上海人民美术出版社，2016.

[5] 王明道.室内设计.上海：东方出版中心，2012.

[6] 徐彬.室内设计项目教学.北京：中国水利水电出版社，2010.

[7] 刘洪波.公共空间设计.长沙：湖南大学出版社，2019.

[8] 程瑞香.室内与家具设计人体工程学.北京：化学工业出版社，2015.

[9] 杨青山.建筑装饰室内设计实训.北京：机械工业出版社，2015.